Ezzeddine Saadaoui

Capparis spinosa L. en Tunisie : Diversité et Ecologie

Ezzeddine Saadaoui

Capparis spinosa L. en Tunisie : Diversité et Ecologie

Variabilité et Richesse Génétique

Presses Académiques Francophones

Impressum / Mentions légales

Bibliografische Information der Deutschen Nationalbibliothek: Die Deutsche Nationalbibliothek verzeichnet diese Publikation in der Deutschen Nationalbibliografie; detaillierte bibliografische Daten sind im Internet über http://dnb.d-nb.de abrufbar.

Information bibliographique publiée par la Deutsche Nationalbibliothek: La Deutsche Nationalbibliothek inscrit cette publication à la Deutsche Nationalbibliografie; des données bibliographiques détaillées sont disponibles sur internet à l'adresse http://dnb.d-nb.de.

Coverbild / Photo de couverture: www.ingimage.com

Verlag / Editeur:
Presses Académiques Francophones
ist ein Imprint der / est une marque déposée de
AV Akademikerverlag GmbH & Co. KG
Heinrich-Böcking-Str. 6-8, 66121 Saarbrücken, Deutschland / Allemagne
Email: info@presses-academiques.com

Herstellung: siehe letzte Seite /
Impression: voir la dernière page
ISBN: 978-3-8381-7165-4

Toutes les photos de ce manuscrit ont été prises par son auteur

Dédicace

A la mémoire de mon père

A la mémoire de ma mère

A Teffaha, Adam et Ilef

A mes frères et mes sœurs

A tous mes amis

A Monsieur le Professeur Mohamed Boussaied

SOMMAIRE

CHAPITRE 2

CHAPITRE 4

ETUDE DE LA VARIABILITE MORPHOLOGIQUE, PHENOLOGIQUE ET ANATOMIQUE DU CAPRIER (CAPPARIS SPINOSA L.)   106

Abréviations

ACP	Analyse en Composantes Principales,
AIA	Acide indole-acétique,
AIB	Acide indole-butyrique,
A.G.	Acide gras
BIR	Bir M'Chergua,
BUL	Bullaregia,
CA	Calcaire actif,
CAH	Classification Ascendante Hiérarchique,
CHE	Chemtou,
CHO	Chouigui,
CHT	Chenini Tataouine,
CRO	Rommana,
CT	Calcaire total,
DAH	Dahmani,
Dsd	Densité stomatique de la face dorsale du limbe,
Dsv	Densité stomatique de la face ventrale du limbe,
GEM	Ghar El Melh,
GHO	Ghomrassen,
HAO	Haouaria,
HOU	Houmana,
JAM	Jbel Ammar,
JBK	Jbel Bni Kleb,
JOU	Joumine,
KAI	Kairouan,
KEB	Kébili,

KEF	Nebbeur (Kef),
Larf	Largeur du limbe,
Larg	Largeur de la graine,
Lonf	Longueur du limbe,
Long	Longueur de la graine,
Logy	Longueur du gynophore,
Ent	la distance des entre-nœuds,
MAT	Mateur,
NEB	Nebhana,
Net	Nombre d'étamines,
OML	Oued Mlize,
P1000	Poids de mille graines,
ROU	Sidi Bou Rouiss (Siliana),
Subsp.	Sous-espèce,
Surf	Surface foliaire,
Rej	Nombre des rejets par plant,
Var.	Variété.

Figure 77 : Graines viables (à gauche) et celles avortées (à droite) obtenues par autofécondation provoquée chez la population de Ghomrassen (GHO).

Figure 78 : Dispersion des individus de *C. spinosa* dans le plan formé par les axes 1- 2 de l'ACP (▲ : *C. spinosa* subsp. *spinosa* et ● : *C. spinosa* subsp. *rupestris*).

Figure 79 : Dispersion des individus de *C. spinosa* dans le plan formé par les axes 1 - 3 de l'ACP ((▲ : *C. spinosa* subsp. *spinosa* et ● : *C. spinosa* subsp. *rupestris*).

Figure 80 : Dispersion des populations de *C. spinosa* dans le plan formé par les axes 1 - 2 de l'ACP (▲ : *C. spinosa* subsp. *spinosa* et ● : *C. spinosa* subsp. *rupestris*).

Figure 81 : Dispersion des populations de *C. spinosa* dans le plan formé par les axes 1 - 3 de l'ACP (▲ : *C. spinosa* subsp. *spinosa* et ● : *C. spinosa* subsp. *rupestris*).

INTRODUCTION GENERALE

Le genre *Capparis* L. comprend plus de 250 espèces réparties dans le monde entier (Jacobs, 1965 ; Barbera, 1991 ; Fici 1993). Il est représenté dans la région méditerranéenne par plusieurs espèces (Zohary, 1960 ; Inocencio *et al.,* 2006) ou une seule espèce et deux sous-espèces : *C. spinosa* subsp. *spinosa* et *C. spinosa* subsp. *rupestris* (Higton et Akeroyd, 1991 ; Tutin *et al.*, 1993 ; Heywood, 1993 ; Fici et Gianguzzi, 1997). Le câprier est un arbrisseau buissonnant hemicryptophyte à feuillage caduc, il est d'origine tropicale (Fici, 2001). Il est réputé pour ses boutons floraux (les câpres) et ses câprons (les fruits immatures) comestibles. En Tunisie, les câpres, les câprons et les feuilles sont les organes comestibles de la plante. Ils sont récoltés dans des populations naturelles. Le câprier est connu par ses intérêts écologique, socio-économique (Daly, 2001 ; Rivera *et al.,* 2003) et thérapeutique (Eddouks *et al.*, 2004 ; 2005). La plante possède des propriétés anti-oxydantes (Hamed *et al.*, 2007), anti- fongiques (Ali-Shtayeh et Abu Ghdeib, 1999), anti-inflammatoires (Al-Said *et al.,* 1988), anti- hyperglycémiques (Lemhadri *et al.*, 2007) et anti-bactérilogiques (Boga *et al.*, 2011).

En Tunisie, le câprier montre une vaste aire de répartition géographique, il existe dans plusieurs sites au Nord et dans quelques localités au Centre et au Sud du pays. Ainsi, il est polymorphe et sa taxonomie est encore confuse (Pottier-Alapetite, 1979 ; Aloui et Châabane, 1996 ; Saadaoui, 2001). Zohary (1960) a supposé la présence de deux espèces en Tunisie, *Capparis spinosa* L. et *C. ovata* Desf. Toutefois, Pottier-Alapetite (1979) a retenu une seule espèce (*C. spinosa*), subdivisée en quatre variétés (*aegyptica, genuina, coriacea* et *rupestris*).

La plante parvient à coloniser des régions diverses, caractérisées par des conditions environnementales diverses, reflétant des adaptations, essentiellement morphologiques et physiologiques (Psaras et Sofroniou, 1999 ; Fici, 2001 ; Rhizopoulou et Psaras, 2003 ; Levizou *et al.*, 2004). Le câprier pousse généralement sur des blocs rocheux, les murs en ruines et des sols dégradés et accidentés, mais il existe aussi sur des sols argileux et limoneux profonds (Kenny, 1997 ; Abd El-Ghani et Amer, 2003). Ainsi, le câprier se développe dans les régions arides et offre les possibilités de valoriser des terrains marginaux. Ses intérêts socio-économiques sont intéressants, la filière des câpres améliore les revenues des personnes à cause de la demande importante des marchés nationaux et internationaux.

Les populations étudiées sont exclusivement naturelles, car l'intervention de l'homme pour la domestication et la sélection est absente, son rôle est limité à la surexploitation de la plante. En effet, la destruction des habitats naturels, particulièrement en zones semi-arides et arides a conduit à une érosion génétique importante, caractérisée par la diminution de la taille des populations et leur fragmentation. En plus, les techniques sylvo-pastorales appliquées peuvent avoir des effets négatifs sur ces populations, essentiellement le boisement et le reboisement des câprières par des essences forestières (eucalyptus, pin, cyprès…) car le câprier est une espèce héliophile, peu concurrente.

L'objectif de ce travail est d'une part, d'analyser la variabilité génétique par des paramètres morphologiques, phénologiques, anatomiques et chimiques sur des populations installées dans la même parcelle et/ou dans les sites naturels et d'autre part, de caractériser les données climatiques et édaphiques des sites originaires, ce que permet d'étudier l'autécologie de l'espèce (*C. spinosa*).

Dans le premier chapitre nous avons analysé des données générales sur la plante, essentiellement ses caractéristiques botaniques et les dernières révisions taxonomiques.

Dans la deuxième partie, nous avons présenté le matériel et les méthodes utilisés au cours de ce travail.

Dans le troisième chapitre, nous nous sommes intéressés à une description des sites de câprier spontané en Tunisie, par le faite de repérer les habitats naturels de la plante et les caractériser écologiquement par des analyses climatiques de ces habitats et l'étude physico-chimique du sol au sein de chaque site.

Dans le quatrième chapitre, nous avons analysé la variabilité de ce taxon en Tunisie par des marqueurs morphologiques, anatomiques et phénologiques. Ces analyses visent des précisions taxonomiques. Ainsi, nous avons étudié les comportements écophysiologiques des différentes populations et de deux sous-espèces pendant la germination et le bouturage et leur tolérance aux stress hydrique et salin au stade germinatif.

Le cinquième chapitre vise l'étude de la morphologie florale, l'anatomie du nectaire, l'ultramorphologie du pollen, le suivi des visiteurs de la fleur, l'identification des pollinisateurs et la détermination des modes de pollinisation et de fécondation.

Le dernier chapitre analyse la variabilité chimique intra et inter-populations. Les paramètres étudiés sont les acides gras des huiles de la graine.

L'étude de tous ces aspects permet de mieux connaître les potentialités offertes par cette espèce pour orienter les pratiques agronomiques et sylvicoles appliquées au sein de câprières naturelles, sélectionner des morphotypes/chémotypes/génotypes prometteurs de point de vue agronomique et promouvoir cette nouvelle culture, qui paraît importante pour des raisons écologiques et socio-économique.

CHAPITRE I
DONNEES GENERALES

1. Répartition géographique du câprier

1.1. Répartition dans le monde

Le câprier (*Capparis* sp.) est réparti dans les cinq continents, il est présent en Amérique, en Amérique méridionale, en Europe, en Asie, en Australie et en Afrique où il est présent essentiellement en Afrique du Nord (figure 1) (Zohary, 1960 ; Sozzi, 2001 ; Inocencio *et al.*, 2006 ; Jiang *et al.*, 2007). En Méditerranéen, le câprier est une plante typique de la végétation de cette région. Il est cité parmi les flores de deux rives du bassin méditerranéen. En effet, il couvre les différents pays de la région de Maghreb (Maroc, Algérie, Tunisie, Libye), l'Egypte, le Proche-Orient et le Sud d'Europe (figures 2, 3 et 4) (Zohary, 1960 ; Inocencio *et al.*, 2006).

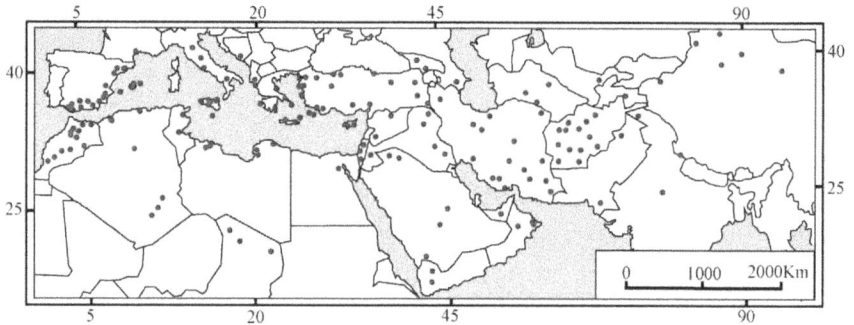

Figure 1: Distribution naturelle du câprier en Europe, l'Asie et l'Afrique du nord (Jiang *et al.*, 2007)

1.2. Répartition en Tunisie

En Tunisie, le câprier a une vaste aire de répartition géographique qui s'étend du Nord au Sud, bien que les principales populations se localisent au Nord, dans les régions d'Ariana, Béja, Kef, Ben Arous, Manouba, Zaghouan et Mateur (Pottier-Alapetite, 1979 ; Khaldi et Ben M'hamed,

1996 ; Saadaoui, 2001). Dans le Centre et le Sud du pays, la plante est présente surtout sur les chaînes montagneuses de Gafsa, de Chott, de Tébaga-Fatnassa, le massif des Matmatas et les régions de Ghomrassen, Ksar Hdada, Tataouine et Chenini Tataouine (El Hamrouni, 1992 ; Chaieb et Boukhris, 1998 ; Saadaoui, 2001). Dans lesquelles, elle est représentée généralement par des populations fragmentées, caractérisées par des faibles superficies et des individus très éparpillés. En revanche, elle est absente de montagnes de l'extrême-Sud, comme les massifs de Jbil ou de Sidi Toui, respectivement dans le Sud- Ouest et le Sud- Est de la Tunisie (Chaieb et Boukhris, 1998). Ainsi, elle est absente de la région du grand Sahel.

2. Caractères botaniques et situation taxonomique

2.1. Description morphologique

Le câprier est un arbrisseau buissonnant, semi-ligneux et hémicryptophyte, caractérisé par de nombreux rejets érigés ou traçants, généralement ramifiés (figure 5). Ces rejets peuvent dépasser deux mètres de longueur et le buisson peut occuper une superficie supérieure à $10m^2$. Les feuilles sont généralement caduques, opposées et entières (figure 6). Quelques fois, le feuillage est persistant, celui-ci s'explique par des facteurs génétiques et/ou géographiques. A la période de défoliation, la partie aérienne de câprier épineux à port érigé se dessèchent totalement, les nouvelles poussent débutent à partir des bourgeons basaux. Elles peuvent y avoir des stipules épineuses, fines ou en crochues, d'origine épidermique (Rivera *et al.,* 2002). Quelques fois, les épines sont totalement absentes ou tombant tôt pour plusieurs taxons. Le développement des épines est supposé comme un critère d'évolution, lié à la pression des herbivores (Fici, 2001).

Le système radiculaire est de type pivotant, sa ramification est variable selon le taxon et l'habitat (figure 5), son longueur est de 6 à 8 m (Singh *et al.,* 1992), peut atteindre 30 m de profondeur pour *C. ovata* (Pugnaire et Esteban, 1991). Il est muni de mycorhizes, qui améliorent la nutrition minérale de la plante. La partie souterraine représente 65% de la biomasse totale de la plante (Singh *et al.,* 1992). La croissance de la plante montre une étape végétative, suivie par l'initiation des boutons floraux, commençant après le développement de 10 à 15 nœuds de nouveau rejet. Les boutons floraux ont une forme pyramidale variable suivant les populations et les individus, leurs couleurs sont vertes à pourpres. Le câprier est caractérisé par une grande fleur solitaire, zygomorphe, multicolore, ornementale, hermaphrodite ou mâle. En effet, quelques fleurs montrent un pistil et un ovaire non développés, ils sont considérés comme des fleurs mâles (Zhang et Tan, 2009). La fleur comprend quatre sépales, quatre pétales, un ovaire et plusieurs étamines. Les sépales ont une couleur blanche à rosâtre et les étamines sont violettes. La région de la corolle est plus grande que celle d'autres plantes qui fleurissent en été dans la région méditerranéenne. Elle est de 28 cm². Cette taille peut être considérée comme un signal optique aux visiteurs (Rhizopoulou *et al.,* 2006). D'ailleurs, elle induit un nombre élevé des visites par unité de temps (Daphni *et al.,* 1987), qui est corrélé positivement avec la production du nectar (Herrera, 2005).

Les stomates existent uniquement sur la face ventrale des sépales et les faces ventrale et dorsale des pétales. Ils sont plus grands chez les sépales. Les densités stomatiques sont de 71, 95 et 121 stomates / mm² respectivement pour les sépales, les pétales et les feuilles (Rhizopoulou *et al.,* 2006). Les étamines sont nombreuses, elles sont de 50 à 190 (Jacobs, 1965). L'anthère est violet, caractérisé par une extrémité pointue ou arrondie selon les espèces (Inocencio *et al.,* 2002). Le pistil est porté par le gynophore, à un niveau plus élevé que les autres organes de la fleur, il

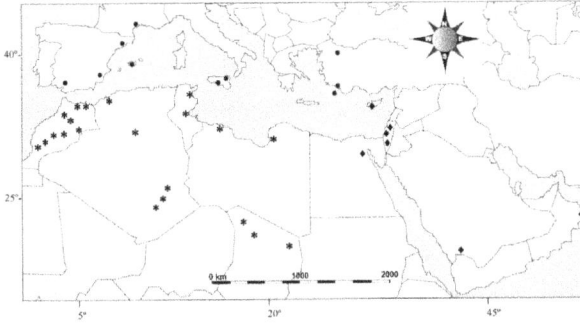

Figure 2 : Carte de distribution de *Capparis ovata* (✱); *C. spinosa* (♦) et *C. aegyptia* (●) dans la région méditerranéenne (Inocencio *et al.,* 2006)

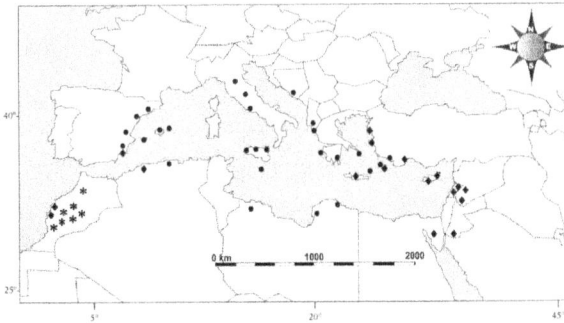

Figure 3 : Carte de distribution de *Capparis atlantica* (✱); *C. zoharyi* (♦) et *C. orientalis* (●) dans la région méditerranéenne (Inocencio *et al.,* 2006)

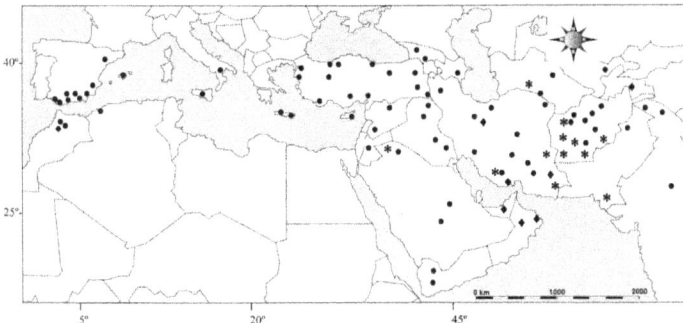

Figure 4: Carte de distribution de *Capparis parviflora* (✱); *C. mucronifolia* (♦) et *C. sicula* (●) dans la région méditerranéenne (Inocencio *et al.,* 2006).

s'agit d'un état d'hétérostylie, caractéristique de la fleur du câprier (figure 7). Le fruit est une baie, contenant des graines noires et réniformes (figure 8). Leur nombre est variable d'une dizaine à 200-300 graines.

Figure 5: Plant du câprier (câprier épineux - site du Barrage de Nebhana).

Figure 6: Rejet du câprier en stade de la production de boutons floraux

Figure 7: Fleur du câprier

Figure 8: Fruit mature du câprier

2.2. Diversité de *Capparis spinosa*

2.2.1. Paramètres morphologiques

Tous les travaux publiés sur le thème de la variabilité morphologique ont montré l'importance de diversité de *Capparis spinosa* au sein des câprières méditerranéennes (Zohary, 1960 ; Fici, 1993 ; Echchgadda *et al.*, 2006a) et tunisiennes (Pottier- Alapetite, 1979 ; Aloui et Châabane, 1996 ; Saadaoui,

2001). L'amplitude de cette hétérogénéité diffère suivant les espèces, les sous-espèces et les variétés. *C. aegyptia*, distinguée comme une espèce par Inocencio *et al.,* (2005), montre une morphologie homogène et s'adapte en dépit d'habitats spécifiques. Fici (2001), en comparant la morphologie de *C. spinosa* subsp. *spinosa* et *C. spinosa* subsp. *rupestris*, a montré que la première sous-espèce est plus variable. Cette diversité concerne surtout les deux variétés de *C. spinosa* subsp. *spinosa* : var. *spinosa* et var. *canescens* Coss. *C. spinosa* subsp. *rupestris* montre des caractéristiques ancestrales similaires aux taxa tropicaux de genre *Capparis* (Fici, 2001). La variabilité morphologique du câprier est liée à la cohabitation des taxa et l'hétérogénéité des conditions édaphiques (Fici, 2001). Ronse Decraene et Smets (1997) ont montré que le nombre et la position des carpelles, le nombre des séries d'ovules et la présence de replum caractérisent les espèces du genre *Capparis*. Le nombre de carpelles varie entre 2, 4 et 8, leurs positions sont transversales, médiane ou orthogonale. Les séries d'ovules sont égales à 4 ou plus et le replum peut être absent ou présent selon les espèces. Inocencio *et al.* (2002) ont étudié le câprier en Espagne, l'Italie, le Grèce, le Maroc et la Turquie par les caractéristiques de l'anthère et du nectaire. Ils ont identifié la présence de 4 espèces, ils ont étudié la forme du nectaire et de l'anthère (tableau 1). Ces espèces sont *C. spinosa* et *C. sicula,* occupant les pays cités, à l'exception de l'Italie. *C. aegyptia,* qui existe uniquement en Turquie et au Maroc et *C. orientalis,* montrant une présence limitée à l'Espagne et l'Italie. Ces espèces montrent les caractéristiques suivantes :

Tableau 1: Caractéristiques de l'anthère et du nectaire des 4 espèces méditerranéennes de genre *Capparis* (Inocencio *et al.* 2002).

Espèces	Forme du nectaire	Base/hauteur (nectaire)	Les angles du nectaire	Extrémité de l'anthère
C. spinosa	triangulaire	1	arrondis	pointue
C. sicula	étoilée	1	arrondis	
C. aegyptia	pyramidale	1	arrondis	arrondie
C. orientalis	triangulaire	-	pointus	

Plusieurs variables sont considérées chez le câprier comme des descripteurs discriminants par Zohary (1960), Fici (1993 ; 2001), Sozzi (2001) et Inocencio *et al.* (2002). Ce sont :

- La longueur, la largeur et la surface du limbe
- La distance des entre-nœuds (métamères)
- Le nombre d'étamines
- La longueur du gynophore
- Les dimensions de la graine et son poids
- Le dessèchement des branches en hiver
- La longueur des épines
- La couleur des feuilles
- La forme du nectaire

2.2.2. Variabilité anatomique : dimensions des poils, des stomates et des grains de pollen

L'étude anatomique est un facteur discriminant des taxa du câprier, elle permet de confirmer la variabilité morphologique et analyser la variabilité sous-spécifique. Pour Fici, (2004), les dimensions des poils, des stomates et des grains de pollen sont relativement variables entre les sous-espèces. *C. spinosa* subsp. *spinosa* montre des poils développés, les stomates sont plus grands et le pollen à des dimensions réduites. Tandis que, *C. spinosa* subsp. *rupestris* à des poils de petite taille, les stomates sont plus petits et le pollen est un peu plus développé que chez *C. spinosa* subsp. *spinosa* (tableau 2).

Tableau 2 : Dimensions des poils, des stomates et des grains de pollen chez *C. spinosa* subsp. *spinosa* et *C. spinosa* subsp. *rupestris* (Fici, 2004).

Les dimensions (µm)	*C. spinosa* subsp. *spinosa*	*C. spinosa* subsp. *rupestris*
Longueur des poils	518	256
Longueur de l'ostiole	24 – 32	22 – 29
Largeur de l'ostiole	20 – 26	19 – 23
Dimensions de pollen	21 – 27 x 10 – 12	22 – 27 x 13 – 15

2.2.3. Niveau de ploïdie et variabilité isoenzymatique et moléculaire

Le nombre des chromosomes parait stable pour ce taxon, les études réalisées ont révélé 2n=2x=38 (Marcos Samaniego et Paiva, 1993, Fici *et al.,* 1995 ; Taylor in Sozzi, 2001).

L'étude isoenzymatique montre la grande diversité de *C. spinosa* en Tunisie (Skouri, 2000). Ainsi, la caractérisation isoenzymatique a révélé que les populations épineuses et inermes sont génétiquement très éloignées même si leur origine géographique est commune (Ghorbel *et al.*, 2001). L'étude moléculaire par RAPD des populations tunisiennes et italiennes, a révélé l'existence d'une variabilité génétique inter et intra populations importante (Ghorbel *et al.*, 2001). Cette étude révèle une ségrégation entre les populations inermes et épineuses. Ainsi, elle a montré que la diversité génétique est plus élevée pour les populations tunisiennes que pour celles de l'Italie, toutefois, le polymorphisme est plus important chez les populations inermes que pour les épineuses. La répartition géographique paraît sans effet sur la répartition des variétés, la distance génétique existant entre les populations du câprier en Tunisie ne montre aucune corrélation avec la distance géographique (Ghorbel *et al.*, 2001).

Cependant, une étude moléculaire par AFLP, réalisée par Inocencio *et al.* (2005), suggère la présence de cinq espèces pour trois pays méditerranées (Espagne, Maroc et Syrie). Ces espèces sont *C. spinosa, C. sicula, C. aegyptia, C. orientalis* et *C. ovata.* En Espagne, il existe les 4 premières espèces. Celles présentes au Maroc sont *C.* ovata, *C. aegyptia*, *C. orientalis* et *C. sicula.* Les espèces présentes en Syrie sont *C. sicula* et *C. aegyptia.* Ces auteurs ont précisé que l'effet géographique est déterminant dans cette répartition spécifique et ont supposé que les différences morphologiques soient d'origine génétique.

2.2.4. Variabilité spécifique de la composition chimique des graines

2.2.4.1. Richesse lipidique des graines de *Capparis spinosa*

Les graines de *Capparis spinosa* sont riches en lipides, en Turquie, un pourcentage de 32,2% a été signale par Matthäus et Özcan (2005). De même en Yzbekistan, Yuldasheva *et al.* (2008) ont cité une moyenne de 27.49%. En Tunisie, Tlili *et al.*, (2009) ont obtenu 27.76%. Ce pourcentage varie peu entre les populations étudiées.

2.2.4.2. Composition en acides gras des graines de *Capparis spinosa*

Les acides gras majeurs de *Capparis spinosa* sont l'acide oléique (45.82%), l'acide linoléique (26.45%) et l'acide palmitique (15.93%) (Tlili, 2010).

2.2.4.3. Variation interspécifique

La composition chimique en acides gras des lipides peut être utilisée comme critère de classification chez les végétaux, plusieurs études ont montré la relation entre la classification des plantes et leur composition en acides gras des lipides de graines (Pujadas-Salvà, 2000).

Chez le câprier, une variabilité a été observée entre *C. spinosa* et des espèces proches, comme *C. ovata*. Cette variabilité concerne essentiellement l'acide oléique, l'acide linoléique et l'acide palmitique, les valeurs respectives pour *C. spinosa* sont 45.39, 31.42 et 11.69%. Pour *C. ovata*, la teneur en ces trois acides gras est respectivement de 37.29, 46.82 et 7.68% (Matthäus and Özcan, 2005). En effet, *C. spinosa* est plus riche en acide oléique et en acide palmitique et elle est plus pauvre en acide linoléique (tableau 3). Chez *Capparis aphylla*, ces acides gras ont des taux de 57.2% pour l'acide oléique, 11.4% pour l'acide linoléique et 21.1% pour l'acide palmitique (Sen Gupta et Chakrabart, 1964). Elle a montré une richesse spécifique en acide oléique.

2.3. Position taxonomique

Le genre *Capparis* est plus représenté de la famille des Capparaceae (Jacobs, 1965). Il comprend plus de 250 espèces, reparties dans le monde entier (Jacobs, 1965 ; Fici, 1993).

2.3.1. Caractéristiques de la famille de Capparaceae

En se basant sur les analyses morphologiques et moléculaires phylogénétiques, Judd et Donoghue (1994) in Haal *et al.* (2002) ont classé les trois familles de Capparaceae, Brassicaceae et Cleomaceae en deux familles : Capparaceae et Brassicaceae. La famille des Capparaceae a été subdivisée en deux sous-familles : Capparoidea et Cleomoideae (figure 9). Rodman *et al.* (1998) in Haal *et al.* (2002) ont adopté cette hypothèse et jugé que la famille des Brassicaceae est la plus proche de Capparaceae (figure 9). Haal *et al.* (2002) ont opté pour trois hypothèses selon les paramètres analysés, dont la présence d'une seule famille, Brassicaceae, de deux familles Brassicaceae et Capparaceae ou des trois familles : Brassicaceae, Capparaceae et Cleomaceae (figure 10).

La famille de Capparaceae comprend des herbes, des arbustes et des arbres. La plupart sont indigènes des régions intertropicales de l'Afrique et de l'Amérique (Bouillet, 1857). Elle est distinguée essentiellement par la biogéographie, la feuille, la symétrie florale, le nombre d'étamines et le type de fruit (Hall *et al.*, 2002). Les feuilles sont solitaires ou groupées, caractérisées par 4 sépales et 4 pétales, un nombre d'étamines supérieur à 6 et un ovaire porté par un gynophore. Le fruit est une capsule ou en baie à 2 valves (Tutin *et al.*, 1993). Cette famille comprend entre 30 et 40 genres, qui rassemblent plus de 800 espèces, réparties dans les régions tropicales, subtropicales et méditerranéennes, généralement dans des régions arides (Paiva, 1993).

En Inde, l'étude cytotaxonomique de 18 espèces appartenant à 6 genres de la famille de Capparaceae, dont 6 espèces de genre *Capparis*, montre que le nombre de chromosomes varie de 18 à 160 (Subramanian et Susheela, 1988). Ces auteurs jugent que l'auto polyploïdie et l'allo polyploïdie ont joué un rôle important dans l'origine et l'évolution au sein de cette famille.

Tableau 3: Composition en acides gras de *Capparis spinosa* L. et *C. ovata* Desf.

	Tlili *et al.* (2009)	Yuldasheva *et al.* (2008)	Matthäus et Özcan, (2005)	Akgül et Özcan, (1999)	Matthäus et Özcan, (2005)	Akgül et Özcan, (1999)
			Capparis spinosa L.		*Capparis ovata* Desf.	
Localités	Tunisie	Yzbekistan	Turquie		Turquie	
Teneur en lipides (%)	27.76	27.49	32.2	35.22	28.3	36.74
Acide myristique 14 :0	0.72	0.5	0.53	-	0.2	-
Acide palmitique 16 :0	15.93	4.9	11.69	13.2	7.68	11.3
Acide palmitolèique 16 :1	4.55	1.2	4.03	4.6	1.95	1.8
Acide stéarique 18 :0	4.06	2.0	3.30	3.2	2.45	2.7
Acide oléique 18 :1	45.82	28.9	45.39	49.87	37.29	34.66
Acide linoléique 18 :2	25.37	59.3	31.42	25.2	46.82	24.5
Acide linoléique 18 :3	1.08	-	0.97	1.0	1.03	0.3
A. G. saturés	22.68	7.4	16.25	16.4	10.33	14
A. G. insaturés	77.32	89.4	81.81	80.67	87.06	61.62

A) Rodman et al., 1998

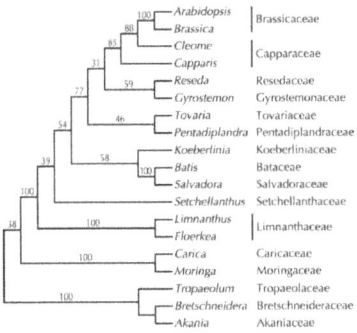

- *Arabidopsis* ┐ Brassicaceae
- *Brassica* ┘
- *Cleome* ┐ Capparaceae
- *Capparis* ┘ Core Brassicales
- *Reseda* Resedaceae
- *Gyrostemon* Gyrostemonaceae
- *Tovaria* Tovariaceae
- *Pentadiplandra* Pentadiplandraceae
- *Koeberlinia* Koeberliniaceae
- *Batis* Bataceae
- *Salvadora* Salvadoraceae
- *Setchellanthus* Setchellanthaceae
- *Limnanthus* ┐ Limnanthaceae
- *Floerkea* ┘
- *Carica* Caricaceae
- *Moringa* Moringaceae
- *Tropaeolum* Tropaeolaceae
- *Bretschneidera* Bretschneideraceae
- *Akania* Akaniaceae

B) Judd, Sanders, and Donoghue, 1994

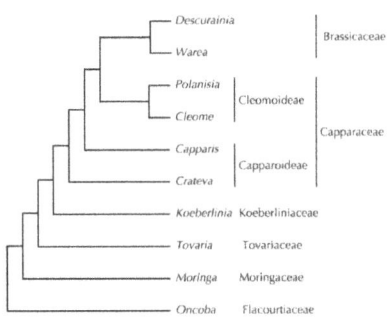

- *Descurainia* ┐ Brassicaceae
- *Warea* ┘
- *Polanisia* ┐ Cleomoideae
- *Cleome* ┘ Capparaceae
- *Capparis* ┐ Capparoideae
- *Crateva* ┘
- *Koeberlinia* Koeberliniaceae
- *Tovaria* Tovariaceae
- *Moringa* Moringaceae
- *Oncoba* Flacourtiaceae

Figure 9: Hypothèses sur les relations phylogénétiques entre Capparaceae et Brassicaceae basées sur données moléculaires et morphologiques d'après Rodman *et al.*, (1998) (A) et Judd et Donoghue, (1994) (B) in Hall *et al.*, (2002)

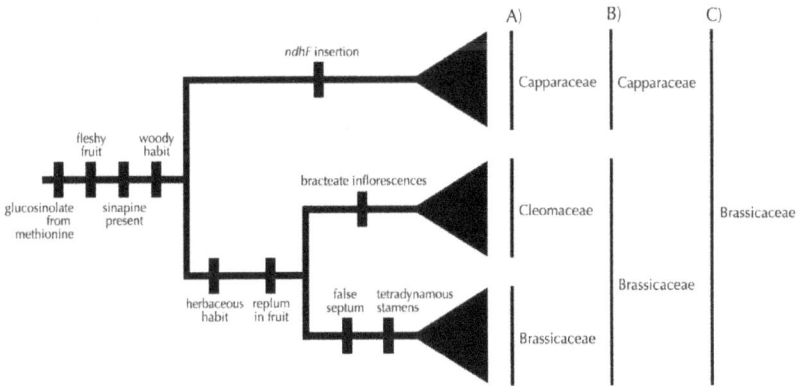

Figure 10 : Hypothèses sur les relations phylogénétiques entre Capparaceae, Cleaomaceae et Brassicaceae basées sur des données moléculaires et morphologiques (Hall *et al.*, 2002)

2.3.2. Caractéristiques du genre *Capparis*

L'identification des espèces de genre *Capparis* est très difficile. En effet, une véritable confusion entre les taxons a été enregistrée (Jacobs, 1965 ; Higton et Akeroyd, 1991 ; Inocencio *et al.*, 2006). D'après, Jacobs (1965) ; Barbera (1991) et Fici (1993). Ce genre comprend plus de 250 espèces réparties dans le monde entier. En Australie, le genre *Capparis* est représenté par 18 taxa, dont 14 sont endémiques (Hewson in Fici, 2003). *C. spinosa* est représentée par une seule sous-espèce : *C. spinosa* subsp. *nummularia* (DC) Fici (Fici, 2003), qui est présente dans les régions arides et semi-arides. Dans la région méditerranéenne et l'Asie, 6 espèces et 15 variétés ont été signalées par Zohary (1960), dont *C. spinosa* var. *aegyptia* serait l'ancêtre de tous ces taxons (figure 11). Les espèces et les variétés signalées sont :

C. spinosa L.

> var. *spinosa, inermis* Terra, *parviflora* J. Gay, *aegyptia* (Lam.) Boiss., *aravensis* Zoh., *pubescens* Zoh. et *Deserti* Zoh.

C. ovata Desf

> var. *ovata, sicula* (Duham.) Zoh., *herbacea* (willd.) Zoh., *palaestina* Zoh., *microphylla* (ledeb.) Zoh.et *Kurdica* Zoh.

C. leucophylla DC.

> var. *leucophylla* et var. *parviflora* (Boiss.) Zoh.

C. mucronofolia Boiss.

C. cartilaginea Decne

C. decidua (Forsk) Edgew.

Toutes ces espèces ont une origine tropicale africaine, cependant, dans région méditerranéenne, *C. spinosa, C. ovata* et *C. leucophylla* se sont séparées en empruntant l'évolution suivante:

C. ovata var. herbacea

C. spinosa var. spinosa

C. ovata var. sicula

C. spinosa var. inermis

C. spinosa
Var. aegyptia

C. ovata var. paleastina

C. spinosa var. parviflora

C. ovata var. microphylla

C. spinosa var. aravensis

C. ovata var. ovata

C. spinosa var. pubescens

C. leucophylla var. parviflora

C. leucophylla var. leucophylla

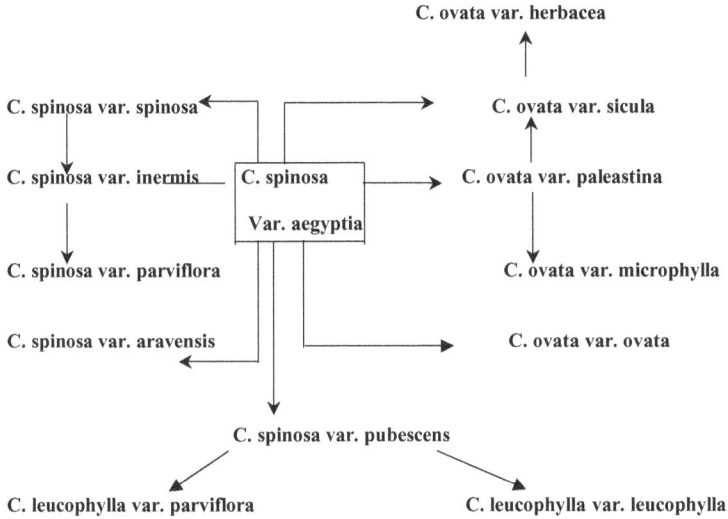

Figure 11 : Evolution de différentes espèces et variétés de genre
Capparis dans la région méditerranéenne (Zohary, 1960)

Toutefois, Jacobs (1965) avait réuni les 5 premières espèces (*C. spinosa*, *C. ovata*, *C. leucophylla*, *C. mucronofolia* et *C. cartilaginea*) de Zohary (1960) sous l'espèce *C. spinosa* par défaut de discrimination morphologique. Ainsi, il a proposé que *C. spinosa* soit une espèce type pour la section et le genre *Capparis*, bien qu'elle soit polymorphe et variable. Elle est le synonyme de tous ces taxa:

C. antanossarum Baill., *C. cartilaginea* Decne., *C. cordifolia* Lam., *C elliptica* Hausskn. & Bornm., *C. galeata* Fres., *C. hereroensis* Schinz, *C. himalayensis* Jafri., *C. leucophylla* DC., *C. mariana* Jacq., *C. mucronifolia* Boiss., *C. murrayana* Grah., *C. napaulensis* DC., *C. nummularia* DC., *C. obovata* Royle, *C. ovata* Desf., *C. sandwichiana* DC. et *C. uncinata* Edgew.

En Europe, Higton et Akeroyd (1991), Tutin *et al.*, (1993), Heywood (1993) et Fici et Gianguzzi, (1997) ont analysé la diversité de *Capparis*, et ont rassemblé toutes les espèces connues de la région en une unique espèce : *C. spinosa*. Ils ont subdivisé cette espèce en deux sous-espèces :

C. spinosa subsp. *spinosa*

> Syn. *C. leucophylla* DC., Prodr., 1 :246(1824).
>
> *C. parviflora* Boiss., Diagn. Pl. Or. Nov., Ser. 1,1(1) :4(1843).
>
> *C. Deserti* (Zohary) Tackh. & Boulos, Publ. Cairo Univ. Herb., 5 : 14 (1974)

C. spinosa subsp. *rupestris*

> Syn. *C. inermis* Turra, Fl. Ital. Prodr. 65(1780).
>
> *C. orientalis* Duh., Traité Arbr. Arbust. 1 :142(1801).
>
> *C. peduncularis* Presl, del. Prag. 20 (1822).
>
> *C. spinosa* var. *inermis* (Turra) Zohary, Bull. Res. Counc. Israël 8D : 51(1960).

Ces auteurs ont distingué ces deux sous-espèces (*C. spinosa* subsp. *spinosa* et *C. spinosa* subsp. *rupestris*) en se basant essentiellement sur le développement de l'épine et la description de la feuille. *C. spinosa* subsp. *spinosa* est caractérisée essentiellement par des épines développées, inversement, *C. spinosa* subsp. *rupestris* est caractérisée par des épines fines et des feuilles coriaces. Leur distribution géographique est différente, *C. spinosa* subsp. *rupestris* est limitée à la région méditerranéenne et *C. spinosa* subsp. *spinosa,* répartie dans la région méditerranéenne, l'Asie centrale et le Sahara (figure 12). Cette dernière sous-espèce est plus hétérogène et plus évoluée, a été subdivisée en deux variétés :

C. spinosa subsp. *spinosa* var. *spinosa*

Syn. *C. spinosa* var. *spinosa*, Zohary, Bull. Res. Counc. Israël 8D : 51(1960).

C. spinosa subsp. *spinosa* var. *canescens* Cosson.

Syn. *C. ovata* Desf., Fl. Alt., 1 : 404 (1798).

C. sicula Veill. in Duh., Traite Arbr. Arbust., 1 :159 (1801).

C herbacea Willd., Enum. Pl. Horti Berol., 560 (1809).

C. fontanesii Presl, Fl. Sic., 1 :11 (1826).

C. spinosa subsp. *canescens* (Cosson) A. & O. Bolòs, Misc. Fontsere, 88 (1961).

C. ovata Desf. var. *sicula* (Turra) Zohary, Bull. Res. Counc. Israël 8D : 51(1960).

C. spinosa subsp. *spinosa* var. *canescens* Cosson est la variété la plus commune en Europe (Tutin *et al.*, 1993). En Sicile, Fici et Gianguzzi (1997) ont identifié la présence de *C. spinosa* subsp. *spinosa* var. *canescens* et *C. spinosa* subsp. r*upestris* (figure 13).

Cependant, Inocencio *et al.* (2005) ont gardé 5 espèces pour trois pays géographiquement éloignés du bassin Méditerranéen : l'Espagne, le Maroc et la Syrie. Ces espèces sont *C. spinosa, C. sicula, C. aegyptia, C. orientalis* et *C. ovata*. Seules les quatre premières espèces existent en Espagne. En Syrie, la présence est limitée à *C. sicula* et *C. aegyptia*. Les espèces présentes au Maroc sont *C.* ovata, *C. aegyptia, C. orientalis*. Toutefois, Echchgadda *et al.,* (2006, b) ont indiqué *C. spinosa, C. ovata* et *C. decidua* pour le Maroc, qui sont subdivisées en plusieurs variétés botaniques. Inocencio *et al.* (2005) ont précisé que l'effet géographique est déterminant dans cette répartition spécifique. Inocencio et *al* . (2006) ont étudié la section *Capparis* par ses paramètres morphologiques, biogéographiques et moléculaires. Ils se sont intéressés aux régions de l'Asie centrale et occidentale, l'Afrique du Nord et l'Europe. Les espèces retenues pour ces régions sont *C. atlantica, C. zoharyi, C. aegyptia, C. hereroensis, C. elliptica, C. mucronifolia, C. rupestris, C. ovata, C. parviflora* et *C. sicula.*

Cette dernière est subdivisée en 4 sous-espèces :

C. sicula subsp. *herbacea,*

C. sicula subsp. *leucophylla.*

C. sicula subsp. *sindiana.*

C. sicula subsp. *mesopotamica,*

C. ovata, C. parviflora et *C. mucronifolia* sont représentées par trois sous-espèces : *C. ovata* subsp. *myrtifolia, C. parviflora* subsp. *sphaerocarpa* et *C. mucronifolia* subsp. *rosanoviana.* Seule *C. spinosa* est représentée par une variété : *C. spinosa* var. *canescens.* Dans la Méditerranéen, Inocencio *et al.* (2006) ont retenu huit espèce, qui sont *C. atlantica, C. zoharyi, C. aegyptia, C. elliptica, C. mucronifolia, C. rupestris, C. ovata* et *C. sicula.* Cinq entre-elles sont présentes en Afrique du Nord, ces espèces sont *C. atlantica, C. zoharyi, C. rupestris, C. sicula* et *C. ovata.* Seule *C. ovata* existe à la fois au Maroc, en Algérie, en Tunisie et en Libye (tableau 4).

En Egypte, Boulos (1995) a signalé trois espèces. *C. decidua, C. sinaica* et *C. spinosa.* Cette dernière est représentée par 4 variétés :

C. spinosa var. *aegyptia*

C. spinosa var. *canescens*

C. spinosa var. *inermis*

C. spinosa var. *deserti*

Pour Inocencio *et al.* (2006), l'Egypte est concerné par *C. aegyptia* et *C. zoharyi.*

Figure 12: Distribution de *Capparis* L. en Europe selon Higton et Akeroyd (1991). (○ : *C. spinosa* subsp. *spinosa* var. *spinosa* ● : *C. spinosa* subsp. *spinosa* var. *canescens* ; + : *C. spinosa* subsp. *rupestris*)

○ Group I
+ Group II
● Group III

50

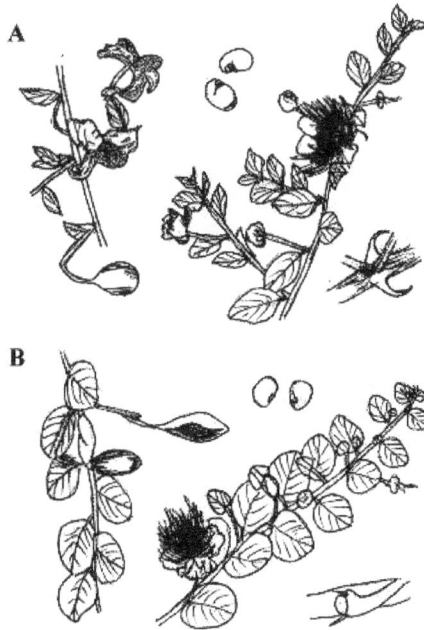

Figure 13: A : *C. spinosa* subsp. *spinosa* var. *canescens* Cosson.,
B : *C. spinosa* subsp. *rupestris* (Sibth. & Sm.) Nyman
(Fici, et Gianguzzi, 1997).

En Tunisie, les travaux sur la taxonomie du genre *Capparis* sont rares. Zohary (1960) avait cité les deux espèces: *C. spinosa* et *C. ovata*. Cette dernière est décrite comme un arbrisseau à port pendulant, ses feuilles ovoïdes et coriaces et des stipules courbées. Ils indiquent sa présence au Maroc, Algérie, Tunisie, Libye et Tchad (Inocencio *et al.,* 2002, 2005 et 2006 ; Rivera *et al.,* 2002 e ; Echchgadda *et al.,* 2006, b). D'autres travaux supposent la présence unique de *C. spinosa* (Pottier-Alapetite, 1979 ; Aloui et Châabane, 1996 ; Saadaoui, 2001). Pottier-Alapetite, (1979) a retenu quatre variétés botaniques de *C. spinosa* pour la Tunisie. Ce sont :

C. spinosa var. *aegyptica* (Lamk) Boiss.

C. spinosa var. *genuina* Boiss.

C. spinosa var. *coriacea* Coss.

C. spinosa var. *rupestris* (S & Sm.) Viv.

Tableau 4 : Les différentes espèces de câprier en Afrique du Nord d'après Inocencio *et al.,* (2006)

Pays	Tunisie	Algérie	Libye	Maroc
Espèces	*C. ovata* Desf.	*C. ovata* Desf.	*C. ovata* Desf.	*C. ovata* Desf.
		C. orientalis Veill.		*C. sicula* Veill.
		C. zoharyi Inocencio	*C. orientalis* Veill.	*C. atlantica* Inocencio
		C. sicula Veill.		*C. zoharyi* Inocencio

3. **Ecologie de la plante**

3.1. **Exigences écologiques**

Le câprier est une plante rustique, qui tolère la diversité des conditions environnementales. Néanmoins, il montre des exigences écologiques particulières, essentiellement pour le sol et la lumière

3.1.2. Bioclimat

Le câprier occupe des régions caractérisées par des conditions bioclimatiques diverses. Au Maroc, la pluviométrie moyenne des zones d'existence du câprier varie de 200 à 550 mm et la température moyenne varie entre 6 et 35°C. En effet, il occupe les bioclimats aride et semi-aride (Kenny, 1997). Au Liban, les moyennes de la précipitation annuelle des zones colonisées par la plante sont de 250 à 1200 mm, celles de la température moyenne sont de 14 à 20°C (Chalak *et al.*, 2007). Barbera (1991) a indiqué qu'en Europe, les températures moyennes annuelles des zones où la plante est présente à l'état spontané sont supérieures à 13°C et la pluviométrie moyenne est supérieure à 200 mm. Au Moyen Orient, Eisikowitch *et al.* (1986) ont signalé sa présence dans des zones où les précipitations annuelles sont de 50 à 150 mm. En Espagne, le câprier est cultivé essentiellement dans les zones où les précipitations sont inférieures à 200 mm (Pugnaire et Esteban, 1990). En Tunisie, le câprier occupe les différents étages bioclimatiques, à partir de l'humide jusqu'au saharien (Saadaoui, 2001). Malgré la large tolérance de la plante vis-à-vis de la faible pluviométrie et les températures extrêmes, elle est vulnérable au froid aigu, qui est rare pendant l'hiver méditerranéen (Psaras et Sofroniou, 1999 ; Rhizopoulou et Psaras, 2003).

3.1.2. Lumière

Le câprier est une plante héliophile, il existe généralement dans les régions exposées au soleil et fleurie abondamment s'il est bien exposé au soleil (Kenny, 1997).

Les zones bien ensoleillées conviennent avec cette plante qui parait moins concurrente dans les conditions des garrigues denses, occupées par des herbacées et des arbustes à croissance rapide.

3.1.3. Sol

Le câprier est attaché à des unités géomorphologiques spécifiques (Abd El-Ghani et Amer, 2003). Il est caractéristique des sols dégradés et peu fertiles des régions méditerranéennes (Zohary, 1960). Il occupe les sols les plus pauvres et les plus accidentés, où l'eau et les éléments nutritifs sont très limités (Pugnaire et Esteban, 1990 et Benseghir *et al.*, 2007) et sur lesquels peu d'espèces végétales peuvent vivre. C'est une plante rupicole et saxicole qui pousse sur des falaises, des pentes rocailleuses, des roches et des vieux murs (figure 14). Au Maroc, le câprier pousse sur des sols légers, bien drainés avec un pH neutre à alcalin, il est rencontré sur des roches formées exclusivement de calcaire (Kenny, 1997). En Algérie, Benseghir *et al.*, (2007) ont indiqué la présence de l'espèce sur des sols marneux et schisteux très fragiles, les rochers calcaires, pentes argileuses, les terres légères graveleuses et les sols sablonneux secs. Le ph de ces sols est de 7,5 à 8 et la matière organique est souvent absente. En Turquie, le câprier pousse sur un sol caractérisé par une texture sablo-limoneuse, légèrement alcalin, riche en carbonate de calcium et en matière organique et non affecté par la salinité (Filiz et Monir, 1996). En Sicile, la distribution géographique intraspécifique est liée aux conditions édaphiques. *Capparis spinosa* subsp. *spinosa* occupe les sols argileux, riches en sels solubles. Elle existe avec des espèces connues par leur tolérance à la salinité, comme *Lygeum spartum. Capparis spinosa* subsp. *rupestris* montre une distribution fragmentée, sur les murs et les falaises (Fici, 2001). Le même auteur a rapporté que la grande plasticité phénotypique de la plante est liée aux conditions édaphiques, essentiellement au niveau de l'architecture de la plante (système radiculaire et port).

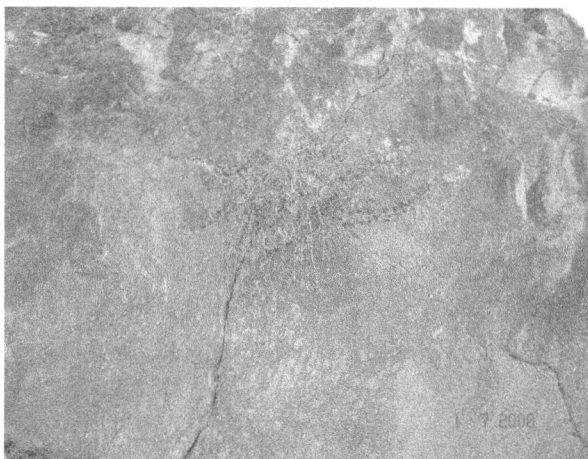

Figure 14 : Câprier sur roche mère (population de Chemtou (CHE)).

3.2. Adaptations aux contraintes du milieu

3.2.1. Sécheresse

Des nombreux travaux indiquent la présence du câprier dans des climats variables de la région méditerranéenne. L'espèce parvient à s'adapter aux conditions extrêmes. En Palestine et en Tunisie, elle est signalée dans des zones où la précipitation moyenne annuelle est de 50 mm (Eisikowitch *et al.*, 1986 ; Saadaoui, 2001). Ces données indiquent une xérophyte qui supporte la sécheresse pendant l'été méditerranéen sec et chaud (Rhizopoulou, 1990 ; Barbera, 1991 ; Rhizopoulou *et al.*, 1997 ; Rhizopoulou et Psaras, 2003). Le câprier a développé différents mécanismes pour survivre dans ces conditions (Sozzi, 2001). Il réagit par une stratégie d'adaptations anatomique et physiologique, qui se manifeste par une feuille charnue, amphistomatique et homobare, caractérisée par une épaisse cuticule, une densité élevée des cellules épidermiques et des stomates de petite taille (Fici, 1993). Le mesophylle est caractérisé par un grand nombre de cellules, un pourcentage limité d'espace intercellulaire (Psaras et Sofroniou, 1999) et un nombre élevé des cellules photosynthétique (Rhizopoulou et Psaras, 2003). Le câprier montre un appareil conducteur spécifique, qui permet à la plante de se développer sans signe de stress hydrique (Psaras et Sofroniou, 1999). Cette stratégie se manifeste par la présence considérable de minéraux et des grains d'amidon respectivement au niveau des vaisseaux de la racine et du bois. Ils interviennent dans les changements osmotiques et améliorent la résistance hydrique. Cette tolérance vis-à-vis de la sécheresse varie considérablement entre les biotypes (Sozzi, 2001).

Le câprier croît et fleurit pendant la période la plus stressante de l'année, quand la flore environnante montre le minimum des taux de croissance. Cette performance fournit à *C. spinosa* un avantage compétitif et lui permet de jouer un rôle important dans la dynamique de l'écosystème méditerranéen (Rhizopoulou *et al.*, 2006). En effet, la floraison estivale de quelques pérennes méditerranéennes peut apporter la preuve indirecte de la valeur adaptative d'une floraison qui, chez les peuplements végétaux méditerranéens, s'effectue majoritairement hors période estivale (Herrera, 1992).

3.2.2. Salinité

Eisikowitch *et al.* (1986) et Fici (1995) ont indiqué que le câprier pousse sur des sols salins et montre une forte tolérance au stress salin. En effet, Ben Abdellah (2000) a montré que le câprier tolère des concentrations de sel très élevées, qui atteignent $12g.l^{-1}$, en développant des stratégies de tolérance comme l'augmentation de l'épaisseur du limbe (Trabelsi, 1991). Néanmoins, Ben Abdellah (2000) a montré que le câprier inerme est plus tolérant vis-à-vis de la salinité que le câprier épineux. D'ailleurs, Fici

(1995) a supposé que la sous-espèce inerme *(Capparis spinosa* subsp. *rupestris)*, caractérisée par une feuille charnue, soit plus tolérante à la salinité que la sous-espèce épineuse (*Capparis spinosa* subsp. *spinosa*), en se basant sur la comparaison de l'anatomie et de l'habitat de deux sous-espèces. *C. spinosa* subsp. *spinosa* présente aussi des variétés tolérantes à la salinité comme *C. spinosa* subsp. *spinosa* var. *canescens,* qui occupe des sols salins en Italie (Fici, 2001).

4. Modes de multiplication du câprier

Le câprier est une plante pérenne, qui a une survie de 25 à 30 ans. La pérennité de l'espèce est assurée uniquement par les graines, aucun cas de multiplication végétative naturelle n'a été observé dans tous les sites prospectés et à travers les différentes conditions. Pourtant, la plante peut se multiplier artificiellement par semis, bouturage et par la technique de la culture *in vitro*.

4.1. Germination

Les graines de câprier sont caractérisées par un très faible pouvoir germinatif. Elles n'ont pas de problème de dormance physiologique, mais la dureté des enveloppes représente le seul obstacle à la germination. Les graines sont caractérisées par deux téguments lignifiés, leur épaisseur est de 0,2 à 0,3 mm. En Italie, un pourcentage de 5% est obtenu après 2 à 3 mois de semis (Sozzi, 2001). Bond (1990), in Sozzi (2001) a obtenu un taux de germination de 10% par un semis de graines fraîches après 10 jours dans des pots à 18°C. Cette valeur reste constante après 1 à 2 mois. Cependant, des Traitements physico-chimiques peuvent résoudre ces obstacles, dont la scarification manuelle, la stratification, le traitement par des solutions de K_2MnO_4 0,2%, H_2SO_4 concentrée, KNO_3 0,2%, H_2O_2 ou des gibbérellines

(Orphanos, 1983 ; Sozzi et Chiesa, 1995 Olmez *et al.,* 2004a,b). Le taux de germination le plus élevé est obtenu par une scarification manuelle partielle de la graine, dont 100% des graines ont pu germer après 3 à 4 jours (Sozzi et Chiesa 1995). Un pourcentage de 65,1% a été enregistré pour des graines stratifiées au froid pendant 60 jours, un autre de 29,4% a été signalé pour des graines trempées dans l'acide sulfurique pendant 30mn (Olmez *et al.,* 2004b). Une période de trempage des graines de 30 jours dans l'eau de robinet aboutit à un taux de germination de 95% (Pascual *et al.*, 2009).

La température parait un facteur déterminant qui agit sur les taux de germination, la température optimale est de 25°C (Sozzi, 2001). En outre, la longévité des graines étant de plusieurs années, des graines conservées à une température de 4°C et à une faible humidité relative ont gardé une viabilité de 90% pendant deux ans (Sozzi, 2001).

L'intégrité des téguments et le mucilage de la graine ont des intérêts écologiques, ils permettent à la graine d'éviter la perte d'eau et la germination pendant les saisons sèches (Scialabba *et al.,* 1995). Ils paraissent comme adaptation avec le climat méditerranéen caractérisé par des longues périodes de sécheresse (Stromme in Sozzi, 2001).

Les plants obtenus par semis montre l'inconvenant de l'hétérogénéité, qui représente un obstacle devant la stabilité des caractères chez les génotypes sélectionnés, elle agit directement sur les quantités et les qualités des boutons floraux et des fruits obtenus.

4.2. Bouturage

Cette technique est la plus utilisée en Espagne et en Italie. Généralement, les boutures du câprier ont des difficultés d'enracinement, mais la réussite dépend du génotype, de la période de prélèvement des boutures et de la nature du substrat (Pilone in Sozzi 2001). Les boutures ligneuses, semiligneuses ou herbacées sont utilisées, mais les premières donnent le meilleur taux d'enracinement (Kenny, 1997). Les boutures choisies ont un diamètre de 1 à 2,5 cm et une longueur de 20 à 30 cm, le pourcentage d'enracinement obtenu est de 55% en serre avec une humidité relative élevée (Barbera, 1991). En Turquie, des boutures traitées par 500 ppm d'AIA pendant le mois d'avril et 250 ppm d'AIB pendant le mois de mai, ont donné respectivement des pourcentages d'enracinement de 28 et 29 % (Söyler et Arsalan, 2000).

Des boutures herbacées de deux bourgeons, dont le bourgeon basal est éborgné, ont été testées. Elles sont imprégnées d'AIB et conduites sur pains de laine de roche dans des conditions contrôlées (humidité saturante et température de 24°C). Après 5 à 8 semaines, les pourcentages d'enracinement de câprier inerme sont de 54 et 91 % respectivement pour les boutures prélevées en automne et en printemps. Ces valeurs sont de 5 et 10 % pour l'épineux (R.S.F., 2001).

De même, Rivera *et al.* (2002) ont mentionné la possibilité de propagation de la plante par bouturage racinaire. Ils ont signalé que cette technique est pratiquée d'une façon traditionnelle en France et en Italie.

4.3. Greffage

Les porte-greffes sont des boutures de type épineux et les greffons sont des portions d'un œil et une feuille axillaire de type inerme. Les porte-greffes sont trempés dans l'AIB et mises en conditions contrôlées (humidité saturante et température de 24°C). Dans ce cas, le greffage en fente pleine a donné une réussite de 20% (R.S.F., 2001).

4.4. Culture *in vitro*

Cette technique est pratiquée sur des rameaux semi-lignifiés, pour des boutures uni ou binodales. La multiplication est effectuée sur un milieu de base Murashig et Skoog (1962) enrichi en BPA (4 µM), AIA (0,3 µM) et GA_3 (0,3 µM). L'enracinement est obtenu après une période d'incubation de 20 jours dans l'obscurité sur MS1 (milieu de Murashig et Skoog enrichi en 0.5 mM m-inositol et 1 µM de thiamine) additionné de 30 µM d'AIA (Rodriguez *et al.,* 1990). L'utilisation du milieu de culture MS (1962) additionné de 1,0 mg.l^{-1} de BAP pour la phase de multiplication a permis d'obtenir un taux de propagation de 15%. Pour l'enracinement, un taux de 90% est obtenu lorsque les implants épuisés (obtenues après deux à trois subcultures) sont cultivés en position couchée sur le milieu de culture riche en AIA (1,5 mg.l^{-1}) et solidifié par 0,8% d'agar (Ghorbel *et al.*, 2001). Chez *C. spinosa* subsp. *rupestris*, des microboutures de 2 à 3 nœuds ont été utilisés, et des subcultures ont été faites toutes les six semaines. Après neuve subcultures, un traitement de quatre heures à l'AIA (100 mg/l), suivi par une culture sur un milieu de base Murashig et Skoog (1962) a abouti à un taux d'enracinement de 92% (Chalak et Elbitar, 2006). Musallam *et al.* (2011) ont montré que le taux d'enracinement le plus élevé est obtenu sur un milieu de base WPM (Woody plant medium) enrichi en 0,8 mg.l^{-1} de Kinétine, 0,05 mg.l^{-1} de AIB et 0,1 mg.l^{-1} d'acide gibbérellique.

5. Culture de la plante

5.1. Production et pays producteurs

Le Maroc et l'Espagne sont les principaux producteurs de câpre dans le monde. Leur production varie considérablement selon les années. Au Maroc (le premier producteur mondial), la production annuelle est estimée entre 6.000 à 8.000 tonnes, localisées dans la région de Fès, Meknès et Marrakech (Kenny, 1997). En Tunisie, la câpre est le produit principal de la plante, toutefois, les feuilles et les câprons sont consommés dans quelques régions. Ces produits sont récoltés à partir de populations naturelles. La récolte des câpres dure trois mois (Mai, Juin et Juillet). Chaque semaine, les nouveaux boutons floraux doivent être récoltés. Une baisse de la production nationale en câpres est observée et par conséquent la diminution importante de son exportation (Khaldi et Ben M'hamed, 1996). La production nationale est estimée par le GICA[1] à 331 tonnes en 1983 et 100 tonnes pendant 2005.

5.2. Mode de la culture

Les essais de la culture en plein champ du câprier sont très anciens dans le bassin méditerranéen (Rivera *et al.,* 2002). Toutefois, la culture de la plante est pratiquée depuis quelques siècles en Italie, en Espagne, en Turquie et en Palestine (Rodrigo *et al.,* 1992 ; Sozzi et Chiesa, 1995 ; Rivera *et al.,* 2002). En Tunisie, la culture de la plante n'a été jamais pratiquée, bien que dès la fin de dix-neuvième siècle, Chervin (1897) avait signalé que cette culture se présente en Tunisie dans des conditions particulièrement favorables.

La culture traditionnelle de la plante est basée sur des plants obtenus par semis ou par bouturage, selon la région et le génotype. En hiver, les plants, obtenus en pépinière, sont transplantés en plein champ. L'espacement entre les plants diffère légèrement selon la nature du terrain et la disponibilité en eau, il est plus étroit sur des sols fertiles et/ou sous irrigation. Il y a des plantations de 2,5 x 2,5 m ; 2,5 x 2 m ; 4 x 4 m ; 5 x 5 m ; 3 x 3 m et 3 x 4 m (Moreno in Sozzi, 2001). Plusieurs facteurs interviennent dans la réussite de la plantation, dont :

- Le choix du génotype

---

[1] GICA : Le groupement industriel agro-alimentaire (Tunis – Tunisie)

- Le choix du sol : les propriétés physiques du sol (texture et profondeur) sont particulièrement importantes, le câprier peut développer un système racinaire profond. Il se développe mieux sur un sol non stratifié à texture moyenne, enrichie en limon (Sozzi, 2001).

- La disponibilité d'eau : l'irrigation est un facteur déterminant dans la réussite de la plantation, essentiellement pendant la première année. Bien que la plante soit aussi très sensible à l'hydromorphie (Barbera, 1991).

- Le climat : la plante est tolérante à tout type de climat méditerranéen, mais il faut signaler que dans les conditions sévères, la plantation mérite plus d'attention : température estivale élevée ou sécheresse aigue, essentiellement chez les jeunes plants (Barbera, 1991).

- La lumière : l'exposition des plants au versant sud est une pratique qui est très respectée par les paysans des zones montagneuses (Kenny, 1997).

- Les traitements de fertilisation : la fertilisation et le recépage sont les principaux traitements appliqués pour l'entretien du câprier. L'engrais enrichi en azote et en potassium NK a des effets améliorants sur le taux de Ca, Mg, Fe, Mn et B de la plante, donc sur la quantité et la qualité des boutons floraux et des fruits obtenus (Pugnaire et Esteban, 1991). Le recépage est pratiqué pendant la période hivernale, il est avantageux sur la croissance et la production uniquement des plants âgés (Saadaoui, 2001).

Le câprier peut être planté en association avec d'autres espèces dont l'olivier, la figue, la vigne et les arbres fruitiers (Sozzi, 2001 et Rivera, 2002). D'ailleurs, dans quelques sites tunisiens, il pousse spontanément dans les champs d'olivier à Sidi Thabet, Dkhila et Fernana ou de vigne à

Jbel Ammar. Son système racinaire pivotant et profond lui permet de se développer en association avec ces espèces.

5.3. Paramètres de sélection

La sélection des génotypes prometteurs est basée sur des paramètres agronomiques. D'après Sozzi (2001), les paramètres qui paraissent les plus intéressants pour la sélection sont :

- Une longueur importante des rejets
- Un nombre élevé des rejets par plant
- Une distance réduite des entre-nœuds
- Une absence des épines
- Une résistance de la provenance à la sécheresse, au froid et aux maladies.
- Des boutons floraux (câpres) sphériques, fermés et glabres, d'une couleur vert foncée.
- Un fruit avec une couleur vive et peu de graines pour l'utilisation alimentaire.
- Une capacité à l'autogamie
- Une précocité de la production
- Une multiplication végétative facile

Ces caractéristiques reflètent des populations ou des sujets qui ont une grande production de câpres, montrant une meilleure qualité. La comparaison de quelques biotypes italiens a montré des nettes différences concernant la résistance à la sécheresse, la production et la forme et la précocité de l'ouverture des boutons. En Espagne, les populations hétérogènes et épineuses, caractérisées par un nombre élevé de rejets par plant, sont plus productives (Sozzi, 2001).

6. Ecologie de la pollinisation

6.1. Caractéristiques du pollen

Le câprier est caractérisé par sa richesse en pollen, sa quantité varie de 13,67 jusqu'à 27,32 mg par fleur selon les espèces et les variétés (Eisikowitch *et al.,* 1986). Zhang et Tan (2009) on cité une valeur de 487. 10^4 grains du pollen par fleur chez *C. spinosa* en Chine.

Malgré la grande diversité génétique montrée au sein de genre *Capparis*, la morphologie du pollen est un caractère discriminant de ses espèces (Perveen et Qaiser, 2001). Chez *C. spinosa,* le grain de pollen mature est caractérisé par une surface relativement lisse, peu perforée. Les axes polaire et équatorial de pollen sont de $21 - 27$ x $10 - 12$ µm pour *C. spinosa* subsp. *spinosa* et de $22 - 27$ x $13 - 15$ µm pour *C. spinosa* subsp. *rupestris* (Fici, 2004). Il est bicellulaire et trinucléé, la cellule générative en fuseau est entourée par la cellule végétative qui est généralement petite. Elle contient une grande quantité de substances de réserve sous forme de grains d'amidon et/ou de corps lipidiques. Elle est riche en mitochondries et dictyosomes, ces derniers sont en état inactivé. Les réticulums endoplasmiques ne sont pas très étendus et situés dans la partie périphérique du cytoplasme. Les ribosomes et les plastes ne sont pas nombreux. La cellule générative contient quelques inclusions cytoplasmiques, peu de dictyosomes, de réticulum endoplasmique et de ribosomes, en absence de plastes. La composition spécifique du cytoplasme diffère de celle d'autres espèces et montre une capacité métabolique limitée (Van Went et Gori, 1989).

6.2. Structure du nectaire et caractéristiques du nectar

La forme de nectaire du câprier varie selon les espèces, elle est étoilée, pyramidale ou triangulaire à angles arrondis ou pointus (Inocencio *et al.,* 2002). Le volume du nectar varie de 1,8 jusqu'à 70 µl en fonction des taxons et des stations (Petanidou *et al.,* 1995). *C. spinosa* et *C. ovata* ont montré des quantités du nectar respectivement de 60 µl et 42 µl (Eisikowitch *et al.* 1986 et Daphni *et al.,* 1987). Le volume du nectar est plus élevé le matin, cela est en relation avec la période de l'activité des visiteurs, qui sont des insectes à activité matinale, essentiellement les abeilles (Daphni *et al.,* 1987 et Petanidou *et al.,* 1995). Zhang et Tan (2009) ont enregistré un maximum de 50 µl vers 10h.

La variation touche aussi la concentration totale du nectar, qui varie de 25,33 à 65,49 %. Cette valeur est plus élevée pour *C. ovata* en comparaison avec *C. spinosa* (Eisikowitch *et al.,* 1986 et Daphni *et al.,* 1987). Le matin, les concentrations en sucres et en acides aminés prennent leur maximum. La concentration des sucres est de 1,99 µmol/µl du nectar (Daphni in Petanidou *et al.,* 1995). La proportion du saccharose/hexose varie avec les sites, les années, les individus et l'âge de la fleur, celle du glucose/fructose reste constante. La dégradation de saccharose est assurée au cours de l'anthèse. Les acides aminés ont un maximum de 155,99 nmol/fleur (Petanidou *et al.,* 1995), leur concentration est liée uniquement aux facteurs géographiques (Petanidou *et al.,* 1995).

6.3. Caractéristiques de la pollinisation

6.3.1. Caractéristiques de la floraison et de l'anthèse

Dans la région méditerranéenne, le câprier est caractérisé par une floraison estivale, qui s'étend du mois d'avril jusqu'au mois d'octobre. Les boutons floraux poussent sur les rejets de l'année, après 10 nœuds (Kenny, 1997), ils donnent des grandes fleurs multicolores. L'anthèse, qui désigne la période d'épanouissement de la fleur ainsi que l'ensemble des phénomènes qui entourent cette période, est nocturne et dure une seule nuit. Les sépales d'un bourgeon mûr s'ouvrent légèrement à 7h00 et restent dans ce stade jusqu'à 18h00. Réellement, l'anthèse débute vers 18h et se termine le lendemain à 10 heures, en accomplissant 16 heures. L'anthèse de la fleur de câprier dure une nuit. En effet, le soir les sépales s'ouvrent complètement, la fleur dégage une odeur épicée et le nectar est sécrété dans la cavité des sépales. Les pétales blancs s'ouvrent d'une façon concomitante avec l'humidité relative croissante, la température déclinante et la diminution de la lumière du soleil (Petanidou *et al.,* 1995 et Rhizopoulou *et al.,* 2006).

6.3.2. Pollinisation

En se basant sur la morphologie florale, caractérisée par l'hétérostylie, l'allopollinisation parait fréquente le chez le câprier (Saadaoui, 2001). En effet, l'ovaire existe à un niveau très élevé par rapport à tous les organes de la fleur, essentiellement l'androcée. Il est porté par un gynophore, qui lui permet d'être à l'extérieur de la fleur. Cependant, Zhang et Tan (2009) ont estimé la fréquence de l'autopollinisation chez *C. spinosa* à 10%. Ces auteurs ont montré qu'une pollinisation naturelle ou manuelle avec du pollen d'un autre individu aboutit à un nombre des fruits par pied et un nombre des graines par fruit plus élevé. L'allopollinisation est assurée par les insectes, le câprier est une plante polyphile, sa fleur est visitée par plusieurs espèces d'insectes, ils appartiennent aux Sphingidae et des Hymenoptera (Eisikowitch *et al.,* 1986). Quelques uns sont des pollinisateurs de la plante, dont *Xylocopa valga* et *Proxylocopa sinensis,* qui ont été considérées comme des pollinisateurs efficaces de *C. spinosa* en Chine par Zhang et Tan, (2009), car elles touchent fréquemment les organes de reproduction. En Palestine, Eisikowitch *et al.,* (1986) ont indiqué que *Apis melliflora* et *Proxylocopa olivieri* sont les deux pollinisateurs efficaces de *C. spinosa* var. *aegyptia*. Daphni *et al.* (1987) ont ajouté à ces deux insectes pollinisateurs *Celerio lineata* (papillon nocturne). Donc, le câprier est à pollinisation entomophile, prédominante par les abeilles domestiques, les abeilles solitaires et les papillons de la nuit (Eisikowitch *et al.,* 1986 ; Daphni *et al.*, 1987 et Zhang et Tan, 2009). Les dates de visite sont de 17 à 19h et de 5 à 12h pour les abeilles et de 19 à 5h pour *Proxylocopa olivieri* (Daphni *et al.*, 1987).

6.3.1. Fécondation

Pugnaire et Esteban (1991) ont supposé la possibilité des hybridations interspécifiques entre les deux espèces *C. spinosa* et *C. ovata*. De même, Barbera (1991) indique que les hybridations intraspécifiques sont possibles entre les variétés de *C. spinosa*. Fici (2001) a expliqué le niveau bas de divergence existant entre les deux sous-espèces (*C. spinosa* subsp. *spinosa* et *C. spinosa* subsp. *rupestris*) par l'hybridation probable entre leurs individus. Skouri (2000), en étudiant les profils enzymatiques des plantes mères et de leurs graines, a pu montrer qu'il y a des profils identiques entre les plantes mères et les descendants, prouvant l'autofécondation et juge l'autogamie de la plante. Mais, d'autres profils montrent la présence de phénotypes différents et permettent de supposer l'allogamie. Cette allogamie est en étroite relation avec l'ampleur des recombinaisons naturelles au niveau des génotypes (Ezzili, 2000 et Winter *et al.*, 2000) et peut expliquer l'amplitude importante de la variabilité au sein du câprier, bien que l'inerme est caractérisé par une autofécondation possible (Skouri,

2000). La possibilité de l'autofécondation chez *C. spinosa* a été signalée aussi par Zhang et Tan (2009). Toutefois, ils ont montré que le nombre des graines est plus élevé dans un fruit obtenu d'une fleur fécondé par le pollen d'une autre fleur mâle.

CHAPITRE 2
MATERIEL ET METHODES

1. Répartition géographique et caractéristiques pédoclimatiques

1.1. Localisation du câprier en Tunisie

En décembre 2003, nous avons réalisé des prospections dans les sites de câprier spontané de la Tunisie. Ce sont des populations naturelles citées précédemment par Pottier-Alapetite (1979), El Hamrouni (1992), Khaldi et Ben M'hammed (1996) et Saadaoui (2001) ou repérés au cours de cette prospection. Nous avons pu déterminer les coordonnées UTM (longitude et latitude) par GPS (Global Positioning System) des sites visités et les rassembler dans une carte de la Tunisie.

1.2. Caractéristiques bioclimatiques des sites de câprier spontané

Les principaux traits climatiques des différents sites à été faite selon la classification d'Emberger utilisée dans la carte bioclimatique de la Tunisie (I.N.R.F., 1976 et I.N.R.G.R.E.F., 2002), la régionalisation climatique de la Tunisie de Hénia (1993) et les gradients climatiques en Tunisie de Ben Boubaker (2000).

1.3. Caractéristiques physico-chimiques des sols des sites

1.3.1. Etude chimique

Des échantillons du sol ont été prélevés à partir de 19 sites de câprier spontané, existant dans les différentes régions de la Tunisie. 15 échantillons de chaque site ont été analysés. Ils représentent 5 endroits et trois intervalles de profondeur couvrant la couche du sol allant de 0 à 90 cm, il s'agit de [0,30] ; [30,60] et [60,90]. Les 5 endroits couvrent les 4 extrémités de chaque site et son centre. L'échantillonnage est limité à une superficie de 1 hectare de chaque site. Pour les sites de Ghomrassen (GHO), Kairouan (KAI), Bou Hedma (BHE), Houmana (HOU) et Ghar El Melh (GEM), l'échantillonnage est limité à l'horizon 0-30 cm, car la roche mère affleure et les plants poussent entre les fissures des blocs rocheux où s'accumulent le sol à faible profondeur. Les populations étudiées sont citées dans le tableau 6.

Les analyses chimiques concernent le pH, la conductivité électrique et les taux de calcaire total, calcaire actif, matière organique totale, phosphore assimilable, sodium, chlore, calcium, magnésium et potassium. Les techniques utilisées sont celles citées par Naanaa et Susini (1988), elles sont résumées dans le tableau 7.

Tableau 6 : les sites étudiés et leur répartition taxonomique

Sous-espèces	Sites et abréviations
C. spinosa subsp. *spinosa*	Dahmani (DAH), Aïn Jelloula (KAI), Bou Hedma (BHE), Ghar El Melh (GEM), Houmana (HOU), Haouaria (HAO) et Ghomrassen (GHO).
C. spinosa subsp. *rupestris*	Nebbeur (KEF), Rommana (CRO), Nebhana (NEB), Bou Rouiss (ROU), Chouigui (CHO), Joumine (JOU), Bir M'Chergua (BIR), Mateur (MAT), Jbel Ammar (JAM), Oued Mlize (OML), Chemtou (CHE) et Bullaregia (BUL).

Tableau 7 : les techniques appliquées pour l'étude de différents paramètres chimiques du sol

Paramètres	Techniques
Sodium (Na^+), Calcium (Ca^{++}), Potassium(K^+)	Spectrophotométrie de flamme par émission.
Magnésium (Mg^{++})	Spectrophotométrie de flamme par absorption atomique.
Chlore (Cl^-)	Colorimètre de Linson (filtre 510 nm)
Calcaire total	Calcimètre BERNARD
Calcaire actif	Méthode à l'oxalate d'ammonium
Phosphore assimilable (P_2O_5)	Méthode OLSEN
Carbonate d'hydrogène (HCO_3^-)	Compléxométrie

1.3.2. Etude physique

Le taux de saturation a été déterminé par la méthode de Richards et ses collaborateurs. La granulométrie a été analysée par la méthode à la pipette Robinson. Ces Méthodes sont citées par Naanaa et Susini (1988).

2. Etude de la variabilité morphologique, phénologique et anatomique du câprier

2.1. Etude de la variabilité morphologique du câprier

2.1.1. Les populations cultivées en conditions expérimentales

Une parcelle d'expérimentation a été installée dans la pépinière forestière d'El Grine, existante dans la région de d'Echbika, le gouvernorat de

Kairouan (35'36 N et 9'53 E), à une altitude de 140 m. La zone appartient au bioclimat semi-aride inférieur, avec une moyenne annuelle pluviométrique de 304 mm (Hénia, 1993). Le sol est très homogène, à texture sablo- limoneuse.

La mise en place des populations en conditions homogènes vise à minimiser l'effet environnemental et permettre l'expression de l'effet «génotype» afin d'analyser et explorer la variabilité génétique des populations. La collection comprend 18 populations naturelles, récoltées au Nord, Centre et Sud du pays.

Les plants ont été multipliés par éclat de souche, car cette technique permet un taux de réussite proche de 100% (Barbera, 1991). Pendant la période de dormance hivernale (mi-décembre à mi-janvier), des éclats de souche ont été séparés à partir des plantes mères et plantées dans la parcelle. Ils ont été choisis sur des individus mère éloignés. Ces individus montrent une défoliation totale ou partielle. Cinq individus par population ont été récoltés et plantés selon un dispositif de 5 colonnes et 18 lignes. L'écartement entre les individus est de 3x3m. Le taux de survie varie entre les populations, 2 à 5 individus ont été obtenus de chacune. En effet, 58 plants ont été obtenus et examinés (tableau 5 et figure 15). Aucun signe de stress n'a été observé sur les plants développés durant les deux ans de suivi.

Tableau 5: Les populations installées dans la collection vivante d'El Grine, leurs types et le nombre d'individus de chacune

Populations	Abréviation	Type de câprier	Nombre d'individus	Bioclimats
Rommana	CRO		2	semi-aride supérieur
Jbel Ammar	JAM		4	
Chouigui	CHO		5	
Nebbeur	KEF		3	
Jbel Bni Kleb	JBK		2	
Nebhana	NEB	épineux	4	semi-aride inférieur
Joumine	JOU		5	
Mateur	MAT		5	
Oued Mlize	OML		3	subhumide
Chemtou	CHE		3	
Bullaregia	BUL		4	
Houmana	HOU		2	
Haouaria	HAO		2	
Ghar El Melh	GEM		2	
Dahmani	DAH	inerme	3	semi-aride inférieur
Kairouan	KAI		2	aride supérieur
Kebili	KEB	poilu	3	saharien supérieur
Ghomrassen	GHO		4	aride inférieur
Total		58		

75

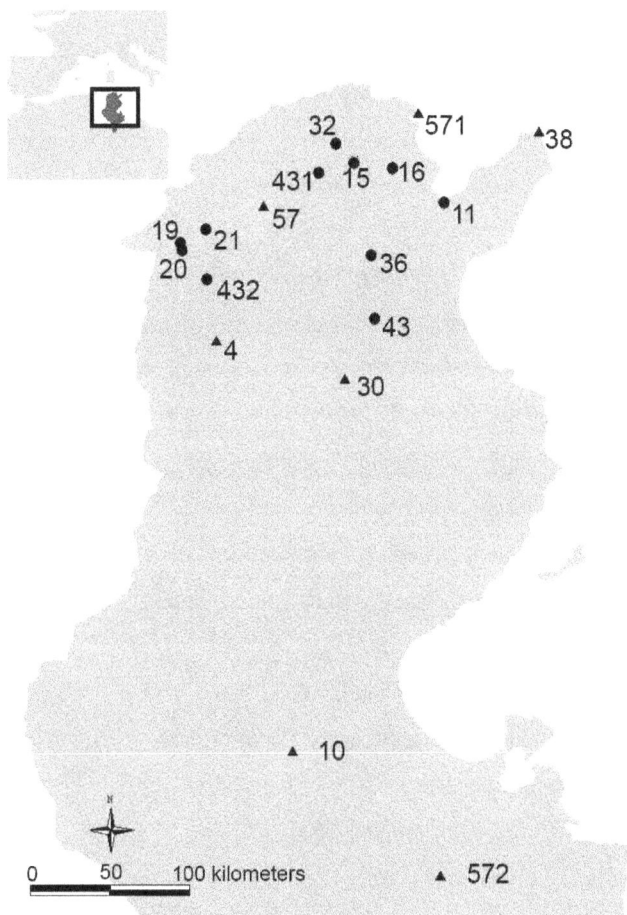

Figure 15: Répartition géographique des populations de câprier étudiées
Les populations : Rommana (11) ; Bullaregia (21) ; Chemtou (20) ;
Chouigui (15) ; Dahmani (4) ; Ghar El Melh (571) ; Ghomrassen (572) ;
Haouaria (38) ; Houmana (57) ; Jbel Ammar (16) ; Jbel Bni Kleb (36) ;
Joumine (431) ; Kairouan (30) ; Kébili (10) ; Nebbeur (432) ; Mateur (32) ;
Nebhana (43) et Oued Mlize (19).
▲ : poilu et /ou inerme ● : épineux

2.1.2. Les paramètres mesurés

En été 2004 et après deux ans de la plantation, les plants de la parcelle ont été examinés. Les nouveaux rejets ont été étudiés, puisque la plante se dessèche généralement en hiver et les nouveaux rejets poussent le printemps suivant. Les paramètres examinés sont ceux considérés discriminants chez le câprier (Zohary, 1960 ; Eisikowitch *et al.,* 1986 ; Fici, 1993 et 2001 ; Saadaoui, 2001 ; Sozzi, 2001 ; Echchgadda *et al.*, 2006 et Inocencio *et al.*, 2006[a,b]). Ces descripteurs sont classés en deux groupes :

Les descripteurs qualitatifs :

- port de la plante (rameaux érigés ou traçants)
- couleur des rejets (verte ou pourpre)
- développement des épines (absente, fine, développée, en crochue)
- présence ou l'absence des poils épidermiques.

Les paramètres quantitatifs

- nombre de rejets par plant (Rej)
- longueur et la largeur du limbe (Lonf et Larf)
- surface foliaire (Sf)
- longueur des entre-nœuds (Eno)
- nombre d'étamines (Eta)
- longueur du gynophore (Logy)
- dimensions de la graine (Long et larg)
- poids de mille graines (P1000)

Les paramètres morphométriques du fruit et de la graine ont été mesurés au sein des populations originaires. Ces descripteurs ont été mesurés sur 5 plants éloignés de chaque population d'origine, pendant le mois d'août 2003. Les répétitions sont de 10 fois pour la longueur du gynophore, 50 fois pour la longueur et la largeur de la graine et 5 fois pour le poids de mille graines.

La surface foliaire a été mesurée par un planimètre digital, qui a une résolution de 0,1 cm² (échelle 1/1) et une précision de 0,2%. La longueur et la largeur du limbe, la longueur du gynophore et les dimensions de la graine (longueur et largeur) ont été mesurées par un pied à coulisse digital. La longueur des entre-nœuds est déterminée par une règle graduée. Le poids de mille graines est estimé par une balance de précision, l'erreur est de 0,001g.

Les dimensions du limbe ont été mesurées sur les feuilles paires, dénombrées à partir de l'apex et réparties sur les deux rejets les plus développés de chaque pied. La distance des entre-nœuds a été mesurée sur ces deux mêmes rejets, tous les entre-nœuds ont été mesurés à partir de l'apex jusqu'à la base. Ces mesures ont été réalisées à la fin du mois septembre pendant l'arrêt de la croissance et avant la défoliation. Le comptage de nombre d'étamines a été réalisé sur 10 fleurs par pied, récoltées mi-juillet, quand la plante est en pleine floraison.

2.2. Les paramètres phénologiques

Les données phénologiques ont été recueillies sur les individus installés dans la collection d'Echbika (Kairouan). Les dates de début de défoliation, de débourrement et de production des boutons floraux ont été suivies toutes les deux semaines à partir de mi février jusqu'au 21 avril. Ainsi, nous avons suivi le niveau de défoliation (totale ou partielle) pendant la période de dormance hivernale. Ces dates sont intéressantes pour différencier les morphotypes, analyser l'effet géographique et sélectionner les populations précoces dans la production des boutons floraux. La précocité permet de prolonger la période de production de câpres avant son attaque par la mouche de câpres (*Capparimyia savastani* (Martelli)), qui débute en juillet.

2.3. Les paramètres anatomiques

L'examen anatomique a concerné l'étude de l'épiderme dorsal et ventral pour sept populations, parmi celles examinées précédemment par des descripteurs morphologiques. Ces populations représentent les différents types de câprier (épineux, inerme et velu) et se répartissent du Nord au Sud du pays. Ce sont les populations de Ghomrassen (GHO), Kébili (KEB), Dahmani (DAH), Kairouan (KAI), Haouaria (HAO), Mateur (MAT) et Nebbeur (KEF). L'étude a été effectuée sur des feuilles séchées, récoltées sur des individus de la parcelle d'expérimentation d'Echbika. Les observations ont été faites en microscopie électronique à balayage (MEB) ou SEM (Scanning Electron Microscopy). Le microscope utilisé pour l'examen est Leica 5420 à 15 KV. Les observations ont concerné la cuticule, les poils et les stomates. Nous avons observé la présence et la longueur des poils, dénombré la densité stomatique et mesuré les dimensions des stomates. Ces paramètres ont été signalés discriminants entre les sous-espèces de *C. spinosa* par Fici (2004). Des photos ont été prises pour les différents matériaux examinés.

2.4. Analyse statistique des données

Les données morphométriques relatives aux différents individus et populations ont été analysées statistiquement par une analyse de la variance, un classement des moyennes, une analyse en composantes principales (ACP) et une classification ascendante hiérarchique (CAH). Toutes ces analyses ont été effectuées par le biais de logiciel statistique XLSTAT 2008.2.02.

L'analyse en composantes principales (ACP) sert à mettre en évidence des similarités ou des oppositions entre variables et à repérer les variables les plus corrélées entre elles. Elle fournie une représentation graphique des individus / populations dans un espace défini par les composantes principales et une matrice de corrélation entre les descripteurs mesurés.

Le principe de la CAH est de rassembler les observations ou les modalités d'une variable qualitative selon un critère de ressemblance défini au préalable. Les observations les plus "ressemblantes" seront ainsi réunies dans des groupes homogènes, lesquels se rassembleront plus ou moins rapidement en fonction de leur ressemblance.

3. Caractéristiques de la germination

3.1. Effet de la population et de la sous-espèce sur la germination

15 populations spontanées ont été étudiées. Six représentent *C. spinosa* subsp. *rupestris*, ce sont celles de Kébili (KEB), Ghomrassen (GHO), Ghar El Melh (GEM), Haouaria (HAO), Houmana (HOU) et Dahmani (DAH). Neuf autres populations représentent *C. spinosa* subsp. *spinosa*. Il s'agit des populations de Nebbeur (KEF), Bullaregia (BUL), Jbel Ammar (JAM), Rommana (CRO), Chemtou (CHE), Oued Mlize (OML), Joumine (JOU), Mateur (MAT) et Chouigui (CHO).

Les graines ont été récoltées au mois d'août 2003 et conservées à la température ambiante du laboratoire.

 L'expérimentation a été réalisée après vingt-huit mois, au début janvier 2006. La viabilité a été testée par le 2,3,5-triphényl-tétrazolium chloride. Pour chaque population, quatre lots de 50 graines ont été examinés. Le semis a été réalisé dans des conteneurs de 15 alvéoles, contenant chacune 4 graines de la même population. Le dispositif expérimental est un dispositif en blocs complets répétés 15 fois. Cette expérimentation a été réalisée sous serre vitrée à une température de $25 \pm 2°C$ et une humidité relative de 80%.

Le substrat est composé totalement de perlite. Les données obtenues ont fait l'objet d'une analyse de la variance et une comparaison des moyennes à l'aide de test de Student-Newman-Keuls par le biais du logiciel statistique SAS.

3.2. Effet de stress hydrique et salin sur la germination du câprier

3.2.1. Populations analysées

Le choix des populations est basé d'une part, sur le facteur sous-espèce, dont deux populations de chaque sous-espèce ont été choisies, d'autre part, sur la distribution géographique, les quatre populations appartiennent à des régions géographiquement distinctes et représentent trois étages bioclimatiques : subhumide, semi-aride et aride inférieur. Ce sont les populations de Ghomrassen (GHO) et Dahmani (DAH) pour *C. spinosa* subsp. *rupestris,* caractérisées respectivement par les bioclimats méditerranéens aride inférieur et semi-aride supérieur et de Bullaregia (BUL) et Mateur (MAT), qui appartiennent à *C. spinosa* subsp. *spinosa.* Ces deux sites sont caractérisés par le subhumide. Dans les quatre sites, le câprier pousse dans les fissures des blocs calcaires, sur des sols non évolués.

3.2.2. Tests de germination

Pour le test de germination, 480 graines ont été considérées pour chaque population. Ces graines ont été subdivisées en 6 lots selon les traitements. Chaque lot de 80 graines a été partagé en 4 petits lots de 20 graines, représentant quatre répétitions. Les graines ont été scarifiées manuellement (scarification mécanique partielle), car les graines non scarifiées montre un faible taux de germination.

Pour induire les différentes pressions osmotiques, nous avons utilisé 6 concentrations de PEG-6000, équivalentes à des pressions osmotiques de 0, -2, -4, -6, -8 et -10 bars, selon le protocole décrit par Michel et Kaufmann (1973).

Les graines ont été mises à germer dans des boites de Pétri de 9 cm de diamètre, sur du papier filtre saturé de solution de PEG-6000 selon les traitements indiqués. Les boites ont été placées dans une chambre climatisée à une température de 25°C ± 1°C, une humidité relative saturée de 80-90% et une photopériode de 16 heures pendant deux semaines. Les graines germées (la radicule atteinte au moins 1 mm de longueur) ont été dénombrées tous les jours. Le papier filtre est changé et 2 ml de la solution de PEG est ajoutée de nouveau.

Les pourcentages de germination selon les sous-espèces et les populations ont fait l'objet d'une analyse de la variance (ANOVA) et une comparaison des moyennes à l'aide de test de Student-Newman-Keuls et par le biais du logiciel statistique SAS.

La même méthodologie à été appliquée pour analyser l'effet du stress salin sur la germination des mêmes populations. Six traitements ont été étudiés, dont les concentrations de NaCl sont de 0, 50, 100, 150, 200 et 250 mmol.l^{-1}.

4. Caractéristiques du bouturage

Les boutures ont été récoltées à partir des 15 populations étudiées précédemment (caractéristiques de la germination). Ces boutures sont des rameaux « aoûtés » de 12 à 15 cm de longueur et de 10 à 20 mm de diamètre. Il s'agit des dimensions qui aboutissent aux taux d'enracinement le plus élevés (Barbera, 1991 et Sozzi, 2001). Le prélèvement et la plantation ont été réalisés fin janvier. Le substrat est composé de 50% de tourbe et 50% de sable. La température de la serre vitrée est de $25 \pm 2°C$ et l'humidité relative est de 80%.

26 blocs de 120 boutures ont été utilisés. Dans chaque bloc, toute population est représentée par huit boutures, quatre boutures ont été considérées comme des témoins et quatre autres ont été traitées par un simple trempage dans une solution de 250 ppm d'AIB (acide indole-butyrique).

Le pourcentage d'enracinement a été vérifié mi août, ainsi le nombre de rejets par plant néoformé a été compté et la production de boutons floraux (câpres) a été suivie.

5. Biologie florale

5.1. Croissance du bourgeon floral et du fruit

Il s'agit d'une mesure quotidienne à l'aide du pied à coulisse (e = 0,1 mm) de la croissance en longueur des boutons floraux et des fruits afin de déterminer leur durée de croissance à partir du bourgeon floral jusqu'à la floraison et de la fécondation au fruit mature (la graine). Ce travail a été réalisé sur trois individus, de la population de Ghomrassen (GHO), élevés en pépinière. 10 boutons floraux et 10 fruits ont été mesurés sur chaque individu. Les mesures ont été réalisées les mois de juillet et août 2008.

5.2. Anatomie du nectaire et du pollen

Les observations du nectaire ont été faites sous loupe binoculaire, celles de la surface de l'exine ont été réalisées par microscope électronique à balayage MEB (Leica 5420 à 15KV). Trois populations ont été étudiées : deux populations de *C. spinosa* subsp. *rupestris* ; Ghomrassen (GHO) du groupe velu et Haouaria (HAO) du groupe inerme et une population de *C. spinosa* subsp. s*pinosa*, celle du Nebbeur (KEF), appartenant au groupe épineux.

Les observations déterminent la forme du nectaire et la morphologie du pollen (forme, dimensions et caractéristiques de l'exine). Des photos ont été prises pour les échantillons observés.

5.3. Suivi des pollinisateurs du câprier

Le suivi des pollinisateurs a été réalisé dans deux sites différents : Rommana (CRO) à Tunis, comprenant le câprier épineux (*C. spinosa* subsp. *spinosa*) et de Haouaria (HAO), comprenant le câprier inerme (*C. spinosa* subsp. *rupestris*). Les observations ont été faites fin juin et début juillet 2003. Les insectes visiteurs ont été détectés par des observations directes pendant la période de l'anthèse. Durant toute la période des visites matinales, deux fleurs d'un même pied ont été observées. Ce travail a été répété durant trois visites à chaque station. Les paramètres mesurés durant la période des visites sont ceux cités par Pouvreau (1984) et Zandonella (1984), dont :

- La durée de l'anthèse ;
- La période de visite ;
- Le nombre des touches par espèce d'insectes et par organe de la fleur (sépale, pétale, androcée et gynécée).
- La vitesse du butinage exprimée en nombre de fleurs visitées par minute pour un individu ;
- La durée moyenne d'une visite d'un insecte à une fleur.

En plus, quelques spécimens des visiteurs fréquents ont été capturés et identifiés. L'identification a été réalisée par le guide des insectes (Zahradnik, 1988).

5.4. Autopollinisation et autofécondation spontanées provoquées

Les populations étudiées sont celles de Ghomrassen (GHO) et Haouaria (HAO), représentant *C. spinosa* subsp. *rupestris,* et celle du Nebbeur

(KEF), représentant *C. spinosa* subsp. *spinosa*. Trois individus de chaque population ont été utilisés. Chaque semaine, les boutons floraux d'un seul individu ont été maintenus et ceux des autres individus ont été éliminés afin de provoquer l'autopollinisation et l'autofécondation. Ainsi, pour chaque individu, seules les fleurs hermaphrodites montrant un pistil développé ont été gardées. Ce travail a été réalisé pendant deux années consécutives (2007 et 2008) dans la pépinière de la station régionale de l'Institut National de Recherches en Génie Rural, Eaux et Forêts à Gabès. Ce travail vise de voir les possibilités de l'autopollinisation et de l'autofécondation chez *C. spinosa* et les deux sous-espèces (subsp. *spinosa* et subsp. *rupestris*). Les fruits obtenus ont été comparés à ceux obtenus au sein des populations originaires, trois individus de chaque population ont été considérés. Les variables comparées sont la longueur moyenne des fruits (LF), le nombre moyen des graines par fruit (NGF) et le nombre moyen de graines avortées (NGA). Elles ont été mesurées sur 10 fruits de chaque individu examiné.

6. Variation sous-spécifique des acides gras de *C. spinosa*

6.1. Matériel végétal

En Juillet 2006, des grains de *C. spinosa* ont été récoltées de neuf populations naturelles. Ces populations représentent les deux sous-espèces présentent en Tunisie, *C. spinosa* subsp. *rupestris* et *C. spinosa* subsp *spinosa*. La première est représentée par cinq populations, ce sont Chenini Tataouine (CHT), Dahmani (DAH), Ghar el Melh (GEM), Houmana (HOU) et Haouaria (HAO). La seconde sous-espèce est représentée par quatre populations : Chouigui (CHO), Mateur (MAT), Lafareg (LAF) et Chemtou (CHE). Pour chaque population, les graines ont été collectées de 3 individus et les graines de chaque plant ont été analysées séparément.

6.2. Méthodologie

6.2.1. Extraction par l'éther de pétrole

Pour chaque individu, les acides gras ont été extraits à partir de 5 g de graines en utilisant la technique d'extraction par Soxhlet avec l'éther de pétrole pendant 3 h. Les extraits ont été filtrés et concentrés sous pression réduite et à 40 ° C.

6.2.2. Saponification des lipides

Le méthyle d'acides gras (FAME) a été préparé selon Lechevallier (1966). 0,2 ml de l'extrait concentré est saponifié avec 4 ml d'une solution méthanolique d'hydroxyde de sodium (0,5 M) pendant 15 min dans un bain d'eau bouillante à 65°C. En ce qui concerne la transméthylation, le mélange a été homogénéisé avec 3 ml d'une solution méthanolique de BF3 (14%) dans le bain d'eau bouillante (65°C) pendant 5 min. Par la suite, 10 ml d'eau distillée ont été ajoutés au mélange et FAME ont été extraits deux fois avec 10 ml d'éther de pétrole.

6.2.3. Chromatographie en phase gazeuse et l'identification des FAME

L'identification des acides gras a été réalisée par Chromatographie en phase gazeuse couplée à la spectrométrie de masse (GC-MS). La température du four a été maintenu à 150°C pendant 1 min, puis programmée à 15 ° C / min jusqu'à 200°C, ensuite programmée de 200 à 250°C à 2°C / min et maintenue de façon isothermique à 250°C pour 10 min. L'hélium est le gaz vecteur à un débit initial de 1 ml / min. Le volume d'injection était 2μl. L'identification des pics FAME a été déterminée par une comparaison de leur temps de rétention relatifs à celles des normes FAME. La quantification des esters méthyliques d'acides gras, exprimée en pourcentage, a été obtenue directement de l'intégration GC aire du pic.

6.3. Analyse statistique

L'analyse statistique a été réalisée par le biais de l'analyse de la variance (5%) et la comparaison des moyennes (test Student-Newman-Keuls) pour chaque variable. L'analyse multivariante a été assurée par l'analyse en composantes principales (ACP). Le logiciel utilisé est XLSTAT 03/03/2010 (Addinsoft, USA).

CHAPITRE 3
REPARTITION GEOGRAPHIQUE ET CARACTERISTIQUES PEDOCLIMATIQUES

La grande diversité de *Capparis spinosa* en Tunisie, l'existence de deux types différents (épineux et inerme) et leur présence dans des habitats différents nous a permis de supposer des différences écologiques entre les sites de ces deux types et nous a orienté à une étude de l'aire de répartition de la plante et les conditions pédoclimatiques de ses sites. Cette caractérisation écologique est primordiale afin de déterminer les exigences écologiques de la plante et de ses différents taxons.

1. Les habitats naturels du câprier en Tunisie : principaux sites

39 sites de câprier spontané ont été visités et repérés, couvrant la quasi-totalité de territoire du pays, à partir des côtes nordiques (Tabarka, Raf-raf, Rommana et Haouaria), en passant par les montagnes du Centre (Jbel Ouslet, Jbel Trozza, Jbel Maloussie, Jbel Bou Hedma et Jbel Orbata) jusqu'aux collines de l'extrême sud (Tataouine, Chenini Tataouine et Saiden (Kébili)). Néanmoins, le câprier s'absente de deux vastes régions du pays, celles de la plaine du Sahel et du grand désert (figure 16).

Cette vaste aire de répartition géographique de la plante est liée à une grande fragmentation. En effet, le câprier existe sous forme de populations généralement fragmentées, occupant des superficies limitées et montrant des faibles densités. Seules quelques nappes naturelles étendues existent dans les régions de Mateur, Joumine, Jendouba, Kef et Tunis, occupées par le câprier épineux. Leur densité est très variée, nous avons enregistré des valeurs moyennes de 106, 50, 76, 39 et 9 individus à l'hectare respectivement pour les populations de Mateur, Joumine, Chemtou, Jbel Ammar (Tunis) et Jbel Essif (Nebbeur - Kef).

Du point de vue taxonomique, l'analyse morpho-anatomique et les nouvelles révisions taxonomiques, nous ont permis de retenir deux sous-espèces en Tunisie, l'une épineuse (*C. spinosa* subsp. *spinosa*) et l'autre inerme (*C. spinosa* subsp. *rupestris*), signalées dans le chapitre suivant (chapitre IV). Leur répartition géographique est différente. *C. spinosa* subsp. *spinosa* existe uniquement dans la région du Nord, des côtes nordiques jusqu'au site de Nebhana, dans la région de Sbikha, au nord du Kairouan. Par contre, *C. spinosa* subsp. *rupestris* montre une vaste répartition, elle existe depuis les régions côtières du Nord jusqu'au Sud, dans des montagnes et des collines.

1. Caractéristiques bioclimatiques des sites de câprier spontané en Tunisie

1.1. Pluviométrie

En Tunisie, les sites naturels du câprier montrent des caractéristiques pluviométriques différentes. En effet, *C. spinosa* existe dans un intervalle de pluviométrie moyenne annuelle allant de moins 50 mm dans la région de Saïden (Kébili) à 1200 mm dans la région de Fernana. Néanmoins, les sites de *C. spinosa* subsp. *spinosa* et ceux de *C. spinosa* subsp. *rupestris* occupent des régions caractérisées par des moyennes pluviométriques annuelles différentes. Les sites de la sous-espèce épineuse (*C. spinosa* subsp. *spinosa*) montrent des moyennes pluviométriques annuelles allant de 400 à 1200 mm respectivement pour les deux sites de barrage de Nebhana et Fernana. Cette sous-espèce est absente dans le reste du pays où la moyenne pluviométrique annuelle est inférieure à 400 mm. Les sites de la sous-espèce inerme occupent les régions où la moyenne pluviométrique annuelle est de 50 mm, enregistrée dans le site de Saiden (Kébili). Le maximum est enregistré dans le site de Tabarka, à l'extrême nord du pays, caractérisé par une moyenne de 1000 mm.

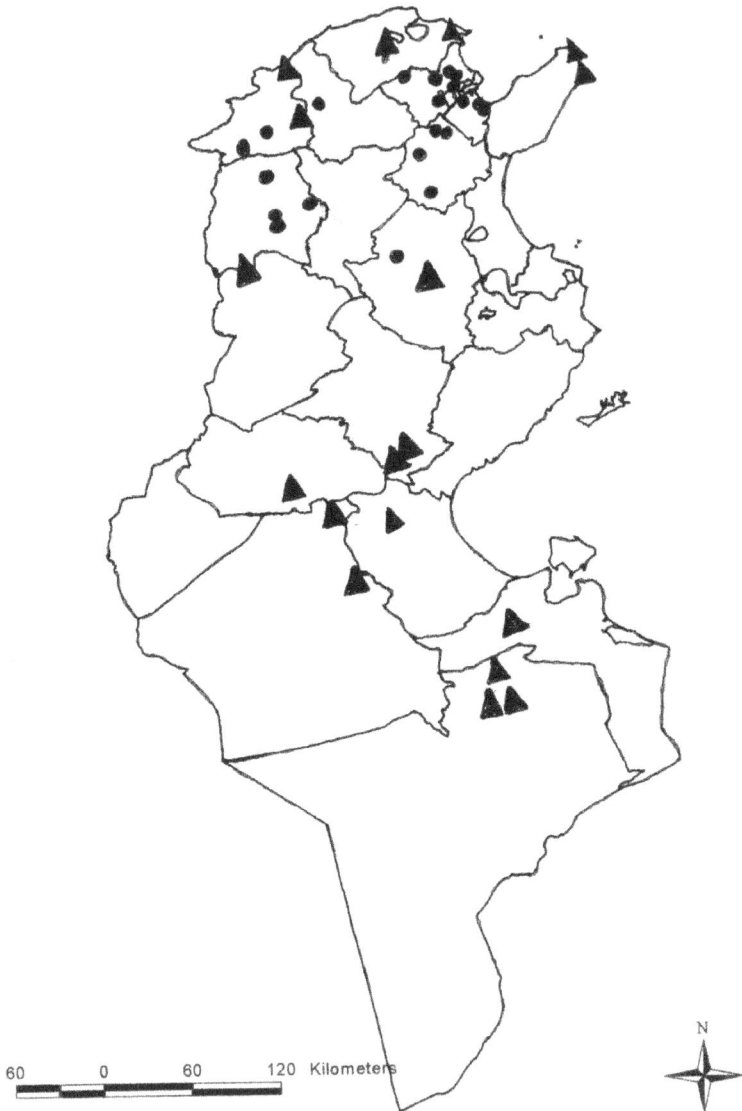

Figure 16 : Distribution géographique des principaux sites à câprier en Tunisie.

(Câprier inerme (▲) et câprier épineux (●))

1.2. Température

Le câprier existe dans des régions caractérisées par des températures moyennes annuelles différentes. Elles varient de moins de 16°C dans les régions de Jendouba et Kef jusqu'à plus de 20°C dans les sites du Sud (Tataouine, Ghomrassen et Kébili). Les maxima thermiques moyens de l'été varient de 28°C au site de Tabarka jusqu'à plus de 38°C au site de Kébili. Les minima thermiques moyens en hiver varient d'une valeur inférieure à 4°C pour le site d'El Kalaa Khisba à une valeur de 8°C pour le site de Tabarka. D'ailleurs, l'amplitude thermique moyenne annuelle varie de moins 14°C dans ce dernier site jusqu'à plus de 22°C pour celui de Kébili.

Ces résultats prouvent la présence de *C. spinosa* dans tous les gradients thermiques de la Tunisie, bien que l'effet «sous-espèce» soit déterminant dans cette distribution. En effet, les sites de *C. spinosa* subsp. *spinosa* et ceux de *C. spinosa* subsp. *rupestris* montrent des paramètres thermiques différents. La température moyenne annuelle varie de 16 à 18°C pour la première et de 16 à 20°C pour la seconde

1.3. Etages et variantes bioclimatiques

L'analyse des données climatiques des sites étudiés montre que le câprier existe dans les différents bioclimats de la Tunisie, il est présent déjà dans les cinq étages bioclimatiques de l'humide au saharien. Toutefois, des différences ont été enregistrées entre les deux sous-espèces. Les sites de la sous-espèce épineuse (*C. spinosa* subsp. *spinosa*) sont concernés par les bioclimats humide, subhumide et semi-aride. Leur distribution est bornée par l'humide inférieur à hiver doux (Tabarka), et le semi-aride inférieur à hiver doux (Nebhana). La sous espèce inerme, *C. spinosa* subsp. *rupestris*, colonise les différentes régions du pays et persiste dans tous les bioclimats (tableau 8). Sa présence est continue à partir de l'humide supérieur jusqu'au saharien supérieur. Les deux sites extrêmes sont le site de Fernana (l'humide inférieur à hiver doux) et celui de Kébili (saharien à hiver frais et tempéré).

Tableau 8 : Répartition des deux sous-espèces de câprier selon les bioclimats

Sous-espèces	Bioclimats
C. spinosa subsp. *spinosa*	humide, subhumide et semi-aride
C. spinosa subsp. *rupestris*	humide, subhumide, semi-aride, aride et saharien supérieur

2. Caractéristiques physico-chimiques des sols

En Tunisie, le câprier pousse généralement sur des sols squelettiques, dégradés, accidentés et généralement pauvres (des falaises, des pentes rocailleuses, des roches et des vieux murs). Toutefois, des différences ont été observées entre les sites de câprier inerme et ceux de câprier épineux. En effet, les premiers sites sont caractérisés par des sols exclusivement squelettiques et les seconds ont montré des sols squelettiques peu évolués et/ou des sols évolués et profonds.

2.1. Etude chimique

2.1.1. pH du sol

Les différents sols examinés ont montré un pH supérieur à 7, cela prouve que tous les sols du câprier étudiés sont strictement alcalins. Le pH varie de 7,1 pour le site de Houmana (HOU) à 8,6 dans le site de Ghomrassen (GHO) (figure 17). La valeur moyenne est de 7,9 ± 0,36. Les valeurs de pH varient légèrement entre les horizons de même profil, entre les profils de même site et même entre les sites de chaque sous-espèce. En effet, *C. spinosa* subsp. *spinosa* et *C. spinosa* subsp. *rupestris* ont montré des valeurs moyennes de pH respectivement de 7,96 ± 0,49 et 7,79 ± 0,27 (figure 18).

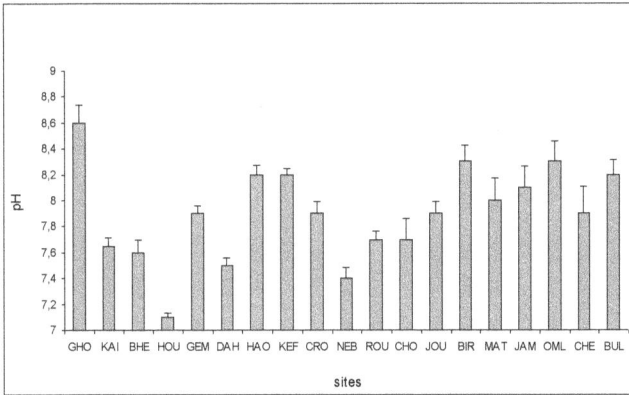

Figure 17: Valeur moyenne du pH des sols de sites étudiés.

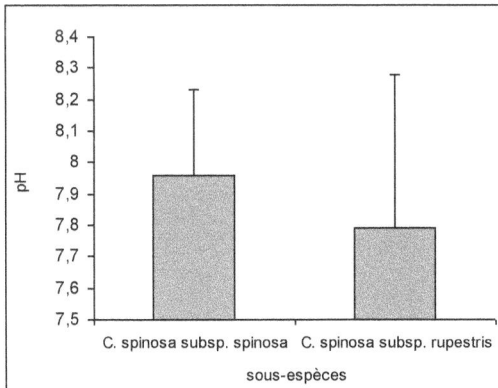

Figure 18 : pH moyen des sols de deux sous-espèces étudiées.

2.1.2. Conductivité électrique

Les sols étudiés ont montré une conductivité électrique variable de 0,7 et 10,7 dS/m respectivement pour les sites de Jbel Ammar (JAM) et Ghomrassen (GHO) (figure 19). La conductivité électrique moyenne est de $2,93 \pm 3,24$ dS/m. Cette variable croit avec la profondeur, elle est plus faible au niveau de l'horizon superficiel du sol [0,30].

Pour les 19 sites étudiés, 13 sites ont une conductivité électrique inférieur ou égale à 2 dS/m. Trois sites ont des valeurs variables de 2 à 8 dS/m, ce sont ceux de Houmana (HOU), Rommana (CRO) et Dahmani (DAH). Trois autres sites ont des conductivités électriques moyennes supérieures à 8 dS/m ; il s'agit de Bou Hedma (BHE), Kairouan (KAI) et Ghomrassen (GHO).

Des nettes différences de la conductivité électrique ont été observées entre les sols de câprier épineux (*C. spinosa* subsp. *spinosa*) et ceux de câprier inerme et (*C. spinosa* subsp. *rupestris*). Les premiers ont montré des valeurs faibles, peu variables. Elles sont de 0.7 dS/m pour Jbel Ammar (JAM) à 2,7 dS/m pour Rommana (CRO). Les seconds ont des valeurs qui s'étendent de 1,3 à 10,7 dS/m respectivement pour les sites de Ghar El Melh (GEM) et Ghomrassen (GHO). Les valeurs moyennes sont $1,32 \pm 0,25$ et $5,68 \pm 4,12$ dS/m respectivement pour les sites de *C. spinosa* subsp. *spinosa* et de *C. spinosa* subsp. *rupestris* (figure 20).

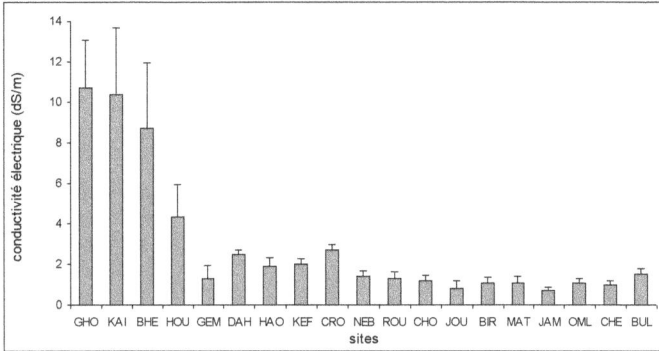

Figure 19 : Conductivité électrique moyenne des sols de sites étudiés

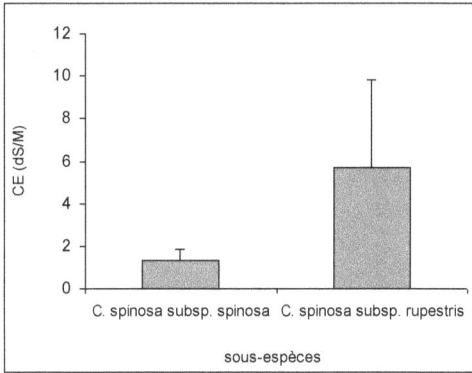

Figure 20 : Conductivité électrique moyenne des sols de deux sous-espèces étudiées.

2.1.3. Taux de calcaire total et de calcaire actif

Le taux de calcaire total dans les différents sites a montré des valeurs variables de 11 % dans le site de Houmana (HOU) à 70 % dans le site de Bir M'chergua (BIR). La moyenne est de $43,18 \pm 20,16$ %. Or, le taux de calcaire actif varie de 3 au site de Houmana (HOU) à 25 % dans le site de Dahmani (DAH). Le taux moyen est de $8,25 \pm 5,8$ % (figure 21).

Le rapport moyen entre les taux de calcaire actif et de calcaire total est de 0,28, il varie de 0 à 0, 35 respectivement pour les sites de Rommana (CRO) et Chouigui (CHO).

C. spinosa subsp. *spinosa* et *C. spinosa* subsp. *rupestris* ont montré des taux moyens respectivement de 44,05 ± 14,16 et 41,69 ± 29,12% pour le calcaire total et de 7,62 ± 4,48 et 9,33 ± 7,86% pour le calcaire actif (figure 22).

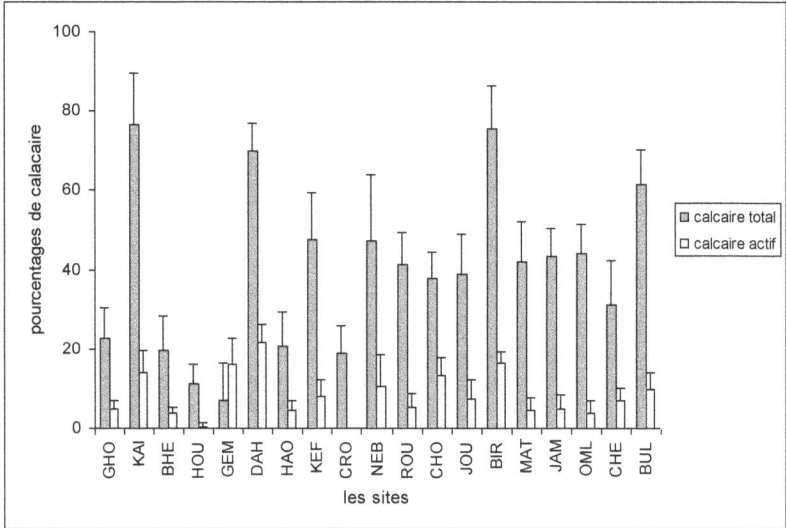

Figure 21 : Taux moyens de calcaire total et de calcaire actif des sols de sites étudiés

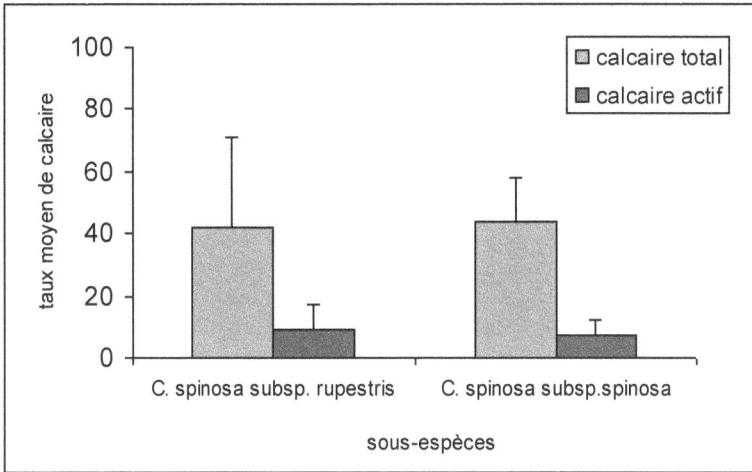

Figure 22 : Taux moyens de calcaire total et de calcaire actif des sols de deux sous-espèces étudiées

2.1.4. Taux de matière organique

Le taux de matière organique diffère entre les sites, il varie de 1,04 à 13,52 % (figure 23). La moyenne est de 3,38 ± 0,87 %. Au sein du même profil, ce paramètre est relativement constant pour les sites de Nebbeur (KEF), Rommana (CRO), Nebhana (NEB), Sidi Bou Rouiss (ROU), Chouigui (CHO), Joumine (JOU) et Chemtou (CHE). Cependant, il est variable pour d'autres, il décroît proportionnellement avec la profondeur. Cette variabilité concerne les sites de Dahmani (DAH), Haouaria (HAO), Bir M'chergua (BIR), Mateur (MAT), Jbel Ammar (JAM), Oued Mlize (OML) et Bullaregia (BUL). Pour les sites de Ghomrassen (GHO), Kairouan (KAI), Bou Hedma (BHE), Houmana (HOU) et Ghar El Melh (GEM), l'échantillonnage est limité au horizon 0-30 cm.

Pour les deux sous-espèces étudiées, le taux moyen de matière organique est de 2,58 ± 1,5 et 4,81 ± 2,81% respectivement pour *C. spinosa* subsp. *spinosa* et *C. spinosa* subsp. *rupestris* (figure 24).

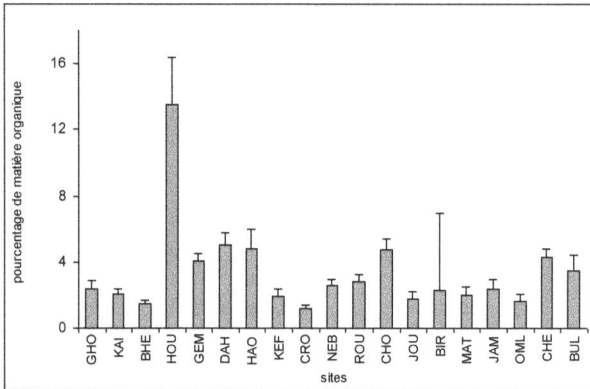

Figure 23 : Pourcentage moyen de matière organique des sols de sites étudiés.

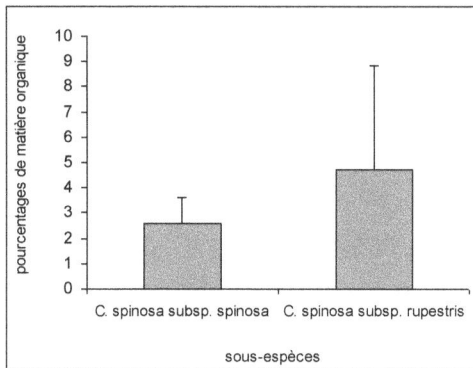

Figure 24 : Taux moyen de matière organique des sols de deux sous-espèces étudiées.

2.1.5. Taux de Na$^+$, Cl$^-$, Ca^{++}, Mg^{++} et K$^+$

2.1.5.1. Taux de sodium (Na$^+$)

Le taux de sodium diffère entre les sites, il varie de 0,48 méq/l dans le site de Jbel Ammar (JAM) à 9,52 méq/l dans le site de Kairouan (KAI) (figure 25). Le taux moyen est de 1,67 ± 0,78 méq/l.

C. spinosa subsp. *spinosa* et *C. spinosa* subsp. *rupestris* ont montré des valeurs moyennes respectives de 0,87 ± 0,34 et 3,05 ± 3,58 méq/l (figure 26).

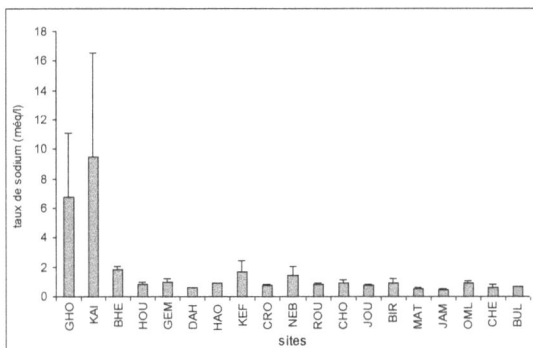

Figure 25 : Taux de sodium (Na$^+$) des sols de sites étudiés

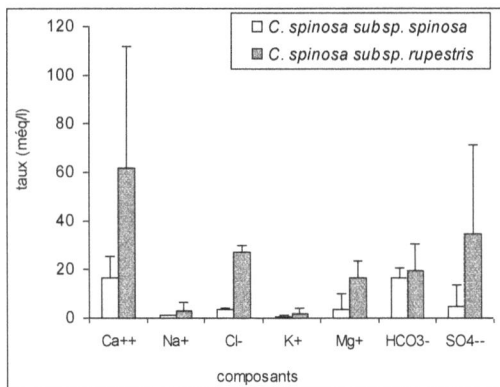

Figure 26 : Composition ionique moyenne des sols de deux sous-espèces étudiées (C. *spinosa* subsp. *spinosa* et *C. spinosa* subsp. *rupestris*).

2.1.5.2. Taux de chlore (Cl⁻)

Le taux moyen de chlore est de 11,97 ± 3,30 méq/l (figure 27). Le minimum et le maximum valent respectivement 2,1 méq/l dans le site de Mateur (MAT) et 80,04 méq/l dans site de Kairouan (KAI).

Les deux sous-espèces *C. spinosa* subsp. *spinosa* et *C. spinosa* subsp. *rupestris* ont montré des taux de chlore différents. Les valeurs moyennes respectives sont de 3,27 ± 0,7 et 26,88 ± 31,28 méq/l (figure 26).

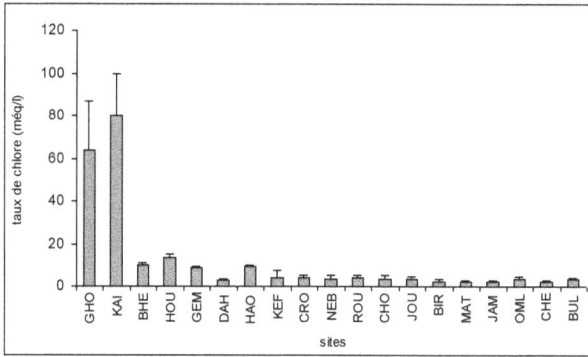

Figure 27 : Taux moyen de chlore (Cl⁻) des sols de sites étudiés

2.1.5.3. Taux de calcium (Ca⁺⁺)

Le taux de calcium diffère entre les sites (figure 28), il varie de 5,17 méq/l à Jbel Ammar (JAM) à 128,25 méq/l dans le site de Kairouan (KAI). Le taux moyen est de 33,06 ± 9,98 méq/l.

Les valeurs moyennes obtenues pour *C. spinosa* subsp. *spinosa* et *C. spinosa* subsp. *rupestris* sont différents, elles sont respectivement de 16,94 ± 9,33 et 62 ± 49,51 méq/l (figure 26).

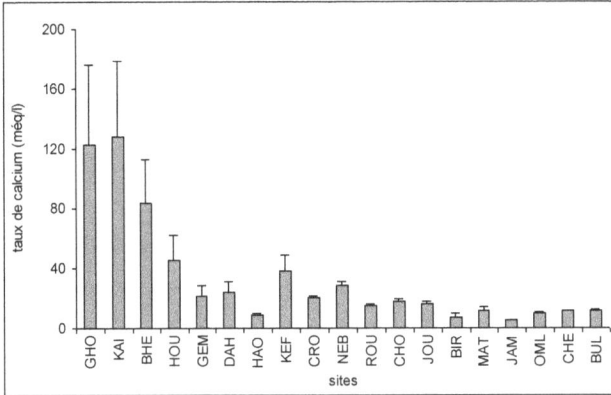

Figure 28: Taux moyen de calcium (Ca^{++}) des sols de sites étudiés

2.1.5.4. Taux de magnésium (Mg^{++})

Le taux moyen de magnésium est de 8,51 ± 0,57 méq/l (figure 29). Le minimum et le maximum valent 1,27 et 29,88 méq/l respectivement pour les sites de Houmana (HOU) et Joumine (JOU).

C. spinosa subsp. *spinosa* et *C. spinosa* subsp. *rupestris* ont des taux moyens de Mg^{++} respectifs de 3,86 ± 4,1 et 16,48 ± 11,30 méq/l (figure 26).

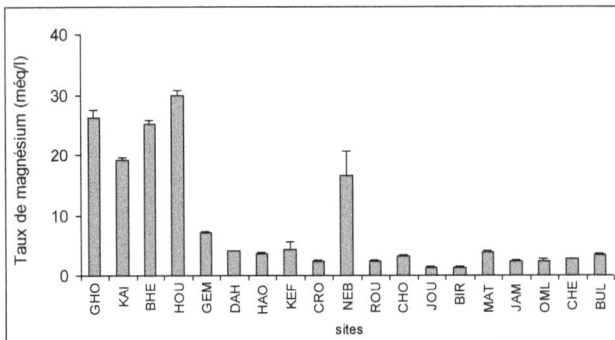

Figure 29: Taux moyen de magnésium (Mg^{++}) des sols de sites étudiés

2.1.5.5. Taux de potassium (K⁺)

Le taux de potassium diffère entre les sites (figure 30), il varie de 0,07 méq/l à Bir M'chergua (BIR) à 6,57 méq/l au site de Bou Hedma (BHE). Le taux moyen est de $1,04 \pm 0,22$ méq/l.

Les deux sous-espèces *C. spinosa* subsp. *spinosa* et *C. spinosa* subsp. *rupestris* ont montré des valeurs moyennes respectivement de $0,52 \pm 0,45$ et $1,93 \pm 2,27$ méq/l (figure 26).

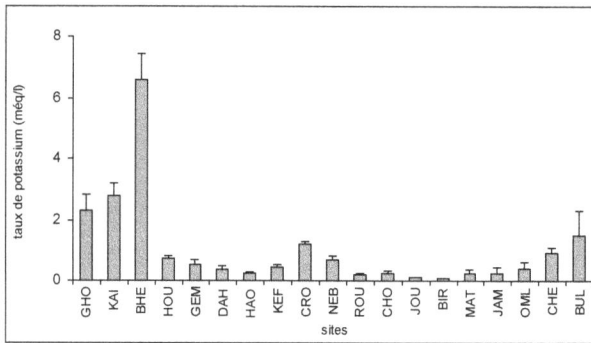

Figure 30 : Taux moyen de potassium (K⁺) des sols de sites étudiés

2.1.5.6. Taux des sulfates (SO₄⁻)

La moyenne de SO_4^- de tous les sites est de $15, 97 \pm 2,99$ méq/l, ces valeurs varient de 0,3 au site de Mateur (MAT) à 83,43 méq/l au site de Kairouan (KAI) (figure 31). Les valeurs moyennes obtenues pour les deux sous-espèces étudiées *C. spinosa* subsp. *spinosa* et *C. spinosa* subsp. *rupestris* sont respectivement de $4,92 \pm 8,41$ et $34,9 \pm 36,2$ méq/l (figure 26).

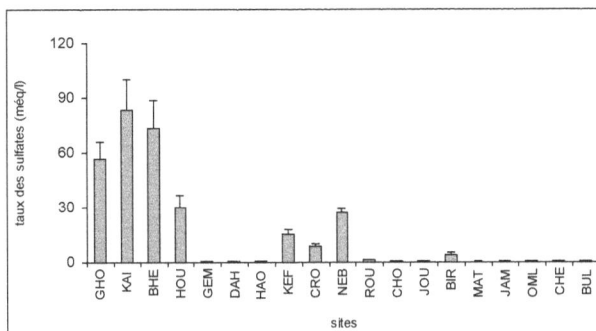

Figure 31 : Taux moyen de sulfates (SO$_4^{--}$) des sols de sites étudiés

2.1.5.7. Taux de carbonate d'hydrogène (HCO$_3^-$)

La moyenne est de 17,38 ± 1,97 méq/l. Le minimum et le maximum sont de 9,93 et 30,2 méq/l respectivement pour les sites de Joumine (JOU) et Ghar El Melh (GEM) (figure 32). Les valeurs moyennes respectives de *C. spinosa* subsp. *spinosa* et *C. spinosa* subsp. *rupestris* sont de 16,23 ± 6,28 et 19,36 ± 7,19 méq/l (figure 26).

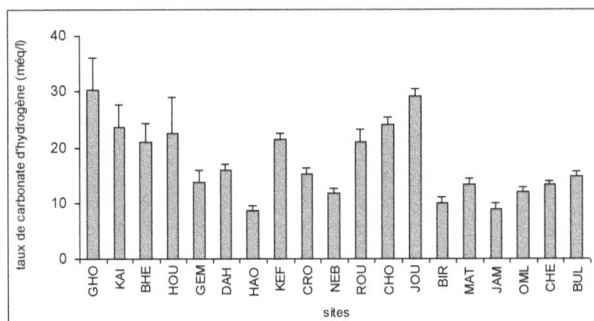

Figure 32 : Taux moyen de carbonate d'hydrogène (HCO$_3^-$) des sols de sites étudiés

2.1.6. Taux de phosphore assimilable (P_2O_5)

Le taux moyen de phosphore assimilable est de $59,56 \pm 7,96$ ppm. Ce taux varie de 0 ppm à Oued Mlize (OML) à 106 ppm au site de Houmana (HOU) (figure 33). Les taux moyens de P_2O_5 obtenus pour les deux sous-espèces étudiées *C. spinosa* subsp. *spinosa* et *C. spinosa* subsp. *rupestris* sont respectivement de $69,41 \pm 110$ et $42,66 \pm 31,9$ ppm (figure 34).

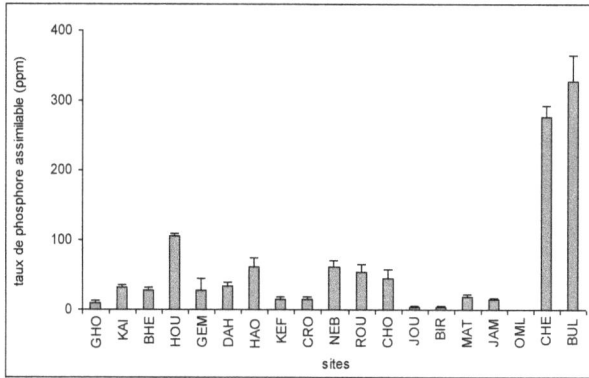

Figure 33 : Taux moyen de phosphore assimilable (P_2O_5) des sols de sites étudiés

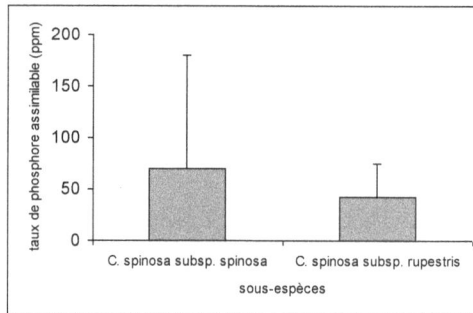

Figure 34 : Taux moyen de phosphore assimilable des sols de deux sous-espèces étudiées.

2.1.7. Analyse combinée des traits chimiques du sol

D'après tous les paramètres chimiques cités précédemment, on peut conclure que le câprier pousse sur des sols strictement alcalins, caractérisés généralement par une salinité variable, mais généralement faible. La majorité des sols sont riches en matière organique, en calcaire total (CT), mais le taux de calcaire actif (CA) est faible (CA/CT[2]= 0,28). La richesse ionique est représentée essentiellement par Ca^{++}, Mg^{++}, HCO_3^- SO_4^{--} et Cl^-.

2.1.8. Composition chimique des sols selon les sous-espèces

La composition des sols en Na^+, Ca^{++}, Mg^{++} et K^+, Cl^-, SO_4^{--} et HCO_3^- a montré une grande variation entre les sites. Toutefois, l'ampleur de la variabilité est différente entre les deux sous-espèces étudiées ; *C. spinosa* subsp. *spinosa* est caractérisée par des sols homogènes, mais ceux de *C. spinosa* subsp. *rupestris* sont chimiquement hétérogènes. Ainsi, les sols de cette dernière sous-espèce sont plus riches en Na^+, Cl^-, Ca^{++}, Mg^{++} et K^+ et SO_4^{--} et leurs conductivités électriques sont plus élevées. Cela montre que les deux sous-espèces existent généralement sur des sols différents.

2.2. Etude physique

2.2.1. Taux de saturation

Il représente la capacité de rétention d'un sol. Le minimum et le maximum sont respectivement 31,8 et 81.2 ml/100g. Le taux moyen de saturation est de 45,55 ± 4.83 ml/100g. *C. spinosa* subsp. *spinosa* et *C. spinosa* subsp. *rupestris* ont montré des valeurs moyennes respectives de 43,16 ± 4,5 et 53,34 ± 5,9 ml/100g (figure 35).

---

[2] CA : calcaire actif, CT : calcaire total.

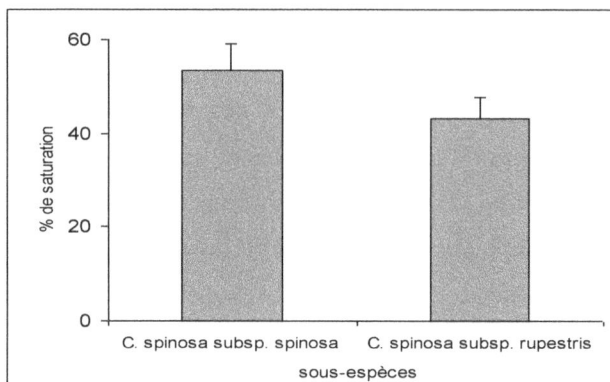

Figure 35: Pourcentage moyen de saturation des sols de deux sous-espèces étudiées.

2.2.2. Granulométrie

Les différents sols analysés montrent que le pourcentage moyen des sables grossiers est élevé, il est de 34,63 ± 18,42 %, celui des sables fins est de 23,18 ± 11, 82 %. Les limons grossiers présentent un pourcentage plus faible que la catégorie fine, ils ont respectivement des taux de 5,74 ± 5,48 % et 21,97 ± 15,19 %. Les pourcentages moyens de sables, de limons et d'argiles sont respectivement de 59,96 ± 14,21 % ; 25,83 ± 10,71 % et 14,19 ± 4,92 %. L'analyse de pourcentage de ces éléments pour chaque site a montré des sols généralement à texture limoneuse à limono-sableuse. Seul le site de Haouaria (HAO) est caractérisé par une texture sableuse ; le pourcentage des sables est de 91% (figure 36).

Les deux sous-espèces étudiées ont montré des sols à texture différentes, *C. spinosa* subsp. *spinosa* pousse sur des sols limoneux à limono-sableuse, mais *C. spinosa* subsp. *rupestris* existe sur des sols limono-sableuse à sableuse (tableau 9 et figure 37).

En effet, *C. spinosa* subsp. *rupestris* existe toujours sur des sols dégradés, où la roche mère affleure, ou sur blocs rocheux (figure 38). Mais *C. spinosa* subsp. *spinosa* existe sur des sols tendres ou rocheux (figure 39).

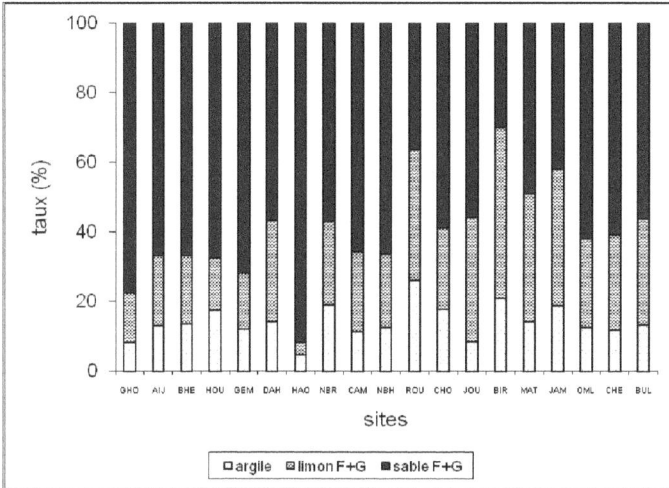

Figure 36 : Pourcentages d'argiles, de limons et de sables dans les sites étudiés.

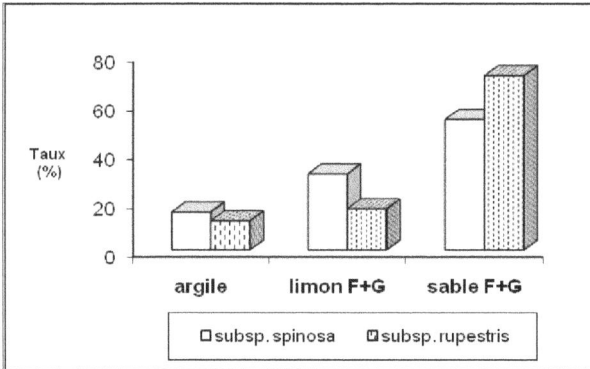

Figure 37 : Pourcentages moyens en argiles, limons et sables pour les deux sous-espèces : *C. spinosa* subsp. *rupestris* et *C. spinosa* subsp. *spinosa*.

Tableau 9 : Texture du sol des différents sites étudiés.

Sites	Sous-espèces	Profondeur (cm)	Texture	Saturation (%)
Kairouan (KAI)	*C. spinosa* subsp. *rupestris*	0-30	limono-sableuse	42,2
Bou Hedma (BHE)		0-30	limono-sableuse	44,4
Houmana (HOU)		0-30	limono-sableuse	81,2
Ghar El Melh (GEM)		0-30	limono-sableuse	39
Ghomrassen (GHO)		0-30	sablo-limoneuse	31,8
Dahmani (DAH)		0-30	limono-sableuse	66,8
		30-60	limono-sableuse	64,4
		60-90	limono-sableuse	63,8
Haouaria (HAO)		0-30	sableuse	54,6
		30-60	sableuse	48,4
		60-90	sableuse	50,2
Nebbeur (KEF)		0-30	limono-sableuse	34,8
		30-60	limono-argilo-sableuse	37,2
		60-90	limono-sableuse	38
Rommana (CRO)		0-30	limono-sableuse	55,4
		30-60	limono-sableuse	50
		60-90	limono-sableuse	52,8
Nebhana (NBH)	*C. spinosa* subsp. *spinosa*	0-30	limono-sableuse	53,8
		30-60	limono-sableuse	51
		60-90	limono-sableuse	50,6
Sidi Bou Rouiss		0-30	limoneuse	50,6

111

(ROU)		30-60	limoneuse	42,8
		60-90	limono-argileuse	42
Chouigui (CHO)		0-30	limono-argilo-sableuse	47,8
		30-60	limono-sableuse	43,4
		60-90	limono-sableuse	50,2
Joumine (JOU)		0-30	limoneuse	36,8
		30-60	limoneuse	34,4
		60-90	limoneuse	38,8
Bir M'Chergua (BIR)		0-30	limoneuse	45,2
		30-60	limoneuse	44,8
		60-90	limoneuse	43,6
Mateur (MAT)		0-30	limoneuse	36,2
		30-60	limoneuse	37,4
		60-90	limono-sableuse	35
Jbel Ammar (JAM)		0-30	limoneuse	43,8
		30-60	limoneuse	41,8
		60-90	limono-sableuse	38,4
Oued Mlize (OML)		0-30	limono-sableuse	33,2
		30-60	limono-sableuse	43,2
		60-90	limono-sableuse	40,8
Chemtou (CHE)		0-30	limono-sableuse	45,6
		30-60	limono-sableuse	43,2
		60-90	limono-sableuse	45,6
Bullaregia (BUL)		0-30	limono-sableuse	50,2
		30-60	limono-sableuse	40,2
		60-90	limono-sableuse	35,4

Figure 38 : Profil du sol dans le site de Haouaria (*C. spinosa* subsp. *rupestris*)

Figure 39 : Profil du sol dans le site de Joumine (*C. spinosa* subsp. *spinosa*).

3. Discussion

En Tunisie, le câprier existe dans des sites caractérisés par des conditions d'aridité extrêmes, comme le site de Saiden (Kébili) caractérisé par une pluviométrie moyenne annuelle inférieure à 100 mm. Toutefois, au Maroc et en Europe, le câprier est signalé dans des régions où la pluviométrie est supérieure à 200 mm (Barbera, 1991 et Kenny, 1997). Au Liban, les moyennes de précipitation annuelle des zones de distribution de l'espèce sont de 250 à 1200, celles de la température moyenne varient de 14 à 20°C (Chalak *et al.*, 2007). Pour la température moyenne annuelle minimale est de 16°C, elles sont proches de celles signalées en Europe et au Liban, qui sont respectivement de 13°C et 14°C (Barbera, 1991 et Chalak *et al.*, 2007). En effet, au Maroc, l'espèce occupe des bioclimats méditerranéens aride et semi-aride (Kenny, 1997). En Europe, Barbera (1991) a indiqué la présence de la plante dans des zones où les températures moyennes annuelles sont supérieures à 13°C.

La présence de la plante dans des conditions climatiques variables suggère des capacités d'adaptation aux fluctuations climatiques importantes (Fici, 2001 et 2004). Ces facteurs aboutissent à des souplesses phénotypiques et physiologiques observées (Ben Abdellah, 2000 et Fici, 2001).

Du point de vue édaphique, les sites étudiés sont caractérisés par un pH peu variable, une richesse en calcaire total, matière organique, Ca^{++}, Mg^{++}, HCO_3^-, SO_4^- et Cl^- et un faible taux de calcaire actif. Ces paramètres peu variables reflètent les exigences édaphiques du câprier. D'autres paramètres sont variables entre les populations dont la conductivité électrique.

Les résultats obtenus corroborent ceux signalés par Filiz et Monir (1996) en Turquie. Ils ont montré que le câprier pousse dans des sols caractérisés par une texture sablo-limoneuse, légèrement alcalins, riches en carbonate de calcium et en matière organique. Ainsi, au Maroc, Kenny (1997) a étudié deux sites de câprier, ils ont un pH alcalin (8 et 9,1), un taux élevé en calcaire total, calcium et magnésium, une richesse en sables et en limons et un faible taux en calcaire actif. Au Liban, Chalak *et al.* (2007) ont étudié 11 sites de câprier spontané, ils ont montré que la texture est généralement sablo-limoneuse ou argilo-limoneuse, le pH varie de 7,7 à 7,9. Le taux de calcaire total est de 0 à 74 % et celui de calcaire actif est de 0 à 17 %.

L'analyse physique révèle une texture généralement limoneuse à limono-sableuse et un faible taux de saturation. Ces caractéristiques reflètent des sols drainés, à faible capacité de stockage pour l'eau mais qui peuvent emmagasiner relativement l'humidité et assurent la germination des semences, exigeant une longue période de latence.

La richesse des sols en calcium et en magnésium suggère qu'ils appartiennent à la classe des sols calcimagnésiques. En effet, cette classe est signalée par Bourley (1957), Fournet (1963), Mectrai (1967), Loyer (1967), Gaddas (1969), Souissi et Guyot (1970) et Bransia (1992) respectivement pour les régions de Nebhana (NBH), Mateur (MAT), Jbel Ebba (DAH)), Nebbeur (KEF) et Chemtou (CHE), étudiées dans cette analyse physico-chimique des sols.

La présence de cette plante sur ces sols reflète sa tolérance à une richesse en calcium et en magnésium. En effet, la plante tolère des taux élevés de carbonate de calcium et se caractérise par une aptitude à limiter fortement l'exportation de Ca^{++} vers les feuilles. D'ailleurs, des fortes doses de Ca^{++} améliorent l'alimentation de la plante en K^+ (Boujellabia, 1996). Ainsi, le câprier développe des stratégies d'adaptation afin de se croître sur des roches calcaires compactes. En effet, son système radiculaire sécrète des composés acides relativement concentrés (Oppenheimer, 1961). Ces substances permettent de désintégrer les blocs rocheux. Il est évident que ces qualités permettent à cette espèce pionnière d'être utilisée dans le repeuplement des zones gravement érodées ou accidentés.

En outre, les deux sous-espèces ont montré des sols caractérisés par des traits chimiques et physiques différents. En effet, les sols de *C. spinosa* subsp. *rupestris* ont des valeurs élevées de la conductivité électrique et de la composition en magnésium, en calcium et en chlore. Ce résultat nous permet de supposer une tolérance plus élevée de cette sous-espèce au stress salin, cela est montré par Fici *et al.*, (1995) et Ben Abdellah, (2000). Par contre, le câprier épineux (*C. spinosa* subsp. *spinosa*) existe sur des sols légèrement salins. D'ailleurs, Filiz et Monir (1996) ont indiqué que le câprier épineux préfère des sols à faible salinité.

La structure du sol diffère entre les deux sous-espèces. Le câprier inerme est présent uniquement sur des sols formés par des roches mères compactes. En revanche, le câprier épineux existe sur des blocs rocheux et des sols tendres. Ces différences se manifestent au niveau des racines. Le premier est caractérisé par un système radiculaire pivotant peu profond, probablement lié à l'humidité existant entre les fissures et sous les roches. Le second est défini par des racines qui s'enfoncent profondément dans le sol tendre afin de retrouver les horizons profonds, chargés en humidité. Un système radiculaire de 12 m a été observé dans le site de Sidi Bou Rouiss, caractérisé par la présence du câprier épineux et un sol profond. Cette architecture racinaire différente entre les deux types du câprier (inerme et épineux) peut s'expliquer par des facteurs génétiques, car des plants de deux sous-espèces obtenus par semis ou par bouturage ont gardé cette architecture différente, mais la texture du sol peut influencer aussi sur l'architecture racinaire (Baize et Jabiol, 1995).

Tous les paramètres climatiques et édaphiques étudiés ont montré des exigences écologiques différentes entres les deux sous-espèces. Ainsi, l'écotype du Sud (câprier poilu) est le plus adapté aux différentes contraintes du milieu : sécheresse, température élevé, amplitude thermique forte, salinité du sol, taux élevé de calcaire.

CHAPITRE 4

ETUDE DE LA VARIABILITE MORPHOLOGIQUE, PHENOLOGIQUE ET ANATOMIQUE DU CAPRIER (CAPPARIS SPINOSA)

Ce chapitre porte sur une analyse morphologique, phénologique et anatomique du câprier en Tunisie. Le suivi a été réalisé sur les populations cultivées ensemble dans la parcelle d'Echbika (Kairouan) et dans les sites originaires.

1. Analyse morphologique

1.1. Analyse des caractères pris séparément

Cette analyse a concerné les variables mesurées au sein de la parcelle d'Echbika (Rej, Lonf, Larf, Surf, Net et End) et celles mesurées dans les sites originaires (Long, Larg, P1000 et logy). L'analyse de la variance à un critère de classification (effet population), réalisée sur dix variables a montré un effet population hautement significatif, à l'exception de nombre des rejets par plant (REJ) (tableau 10).

La comparaison des moyennes par le test de Student-Newnan-Keuls (à p<0,05) révèle une ségrégation totale entre le câprier inerme et le câprier épineux pour les paramètres de la feuille et de la graine (Lonf, Larf, Surf, Long, Larg et P1000) et un chevauchement entre les deux types pour le nombre des rejets par plant (Rej), la distance des entre-nœuds (End), le nombre d'étamines (Net) et la longueur du gynophore (Logy).

Le regroupement varie selon le caractère considéré. Le nombre des groupes est variable entre 5 et 10 selon les marqueurs, il est de 5 pour le poids de mille graines et 10 pour la longueur du gynophore. Un grand chevauchement a été noté entre les populations chez le câprier épineux par rapport à l'inerme. Pour ce dernier type, les groupes sont totalement séparés pour la longueur du limbe (Lonf), la surface foliaire (Surf), la longueur de la graine (long), le poids mille graine (P1000) et la longueur du gynophore (Logy).

Tableau 10 : Valeurs moyennes, minimales et maximales, coefficient de variation et F calculé des descripteurs quantitatifs mesurés.

descripteurs	Valeur minimale	Valeur maximale	Moyenne	Coefficient de variation	F calculé	Degré de signification
Ent (mm)	5,57	31,07	16,89	16,74	27,8	$P < 0.0001$
Lonf (mm)	21,4	43,03	26,62	12,10	34,03	$P < 0.0001$
Larf (mm)	20,16	37,53	24,85	13,04	25,01	$P < 0.0001$
Surf (mm²)	349,26	1270,43	556	26,83	27,2	$P < 0.0001$
Net	59	111	80.62	5,87	122	$P < 0.0001$
Logy (mm)	41,83	73,14	47,87	3,87	261,77	$P < 0.0001$
Rej (mm)	1	6	2.69	47.52	1.26	$P < 0.2651$
Long (mm)	2,98	3,96	3,47	5,40	16,69	$P < 0.0001$
Larg (mm)	2,52	3,33	2,85	6,86	10,72	$P < 0.0001$
P1000 (g)	7,01	13,82	10,15	15,98	10,30	$P < 0.0001$

1.2. Analyse conjointe des caractères.

1.2.1. Analyse en composantes principales

1.2.1.1. Projection des points moyens des individus

L'analyse en composantes principales pour les paramètres morphologiques (Rej, Lonf, Larf, Surf, Ent et Net) pour les 58 individus examinés, montre que les trois premiers axes explicitent 87,53% de la variabilité totale. L'axe

1 absorbe 52,03% de la variabilité et défini positivement par les variables qui expriment les dimensions de la feuille (Lonf, Larf et Surf). L'axe 2, explicite 21,95% de la variabilité et défini positivement par la distance des entre-nœuds. L'axe 3 est défini positivement par le nombre des rejets (Rej).

La projection des points moyens des populations sur le plan défini par les axes 1 et 2 de l'ACP montre une dispersion importante des populations témoignant de leur forte structuration. Ainsi, les individus se répartissent en deux groupes distincts, un premier groupe condensé à individus proches et un second groupe étendu, où les individus sont dispersés (figure 40). Ces deux groupes ont montré des différences structurales ; la variabilité observée entre les individus et entre les populations est différente selon qu'il s'agit de câprier inerme ou épineux. Le groupe restreint rassemble les individus épineux et le groupe ample regroupe les individus inermes. Cela révèle que le groupe à câprier épineux est morphologiquement homogène et le groupe à câprier inerme est hétérogène (figure 40).

1.2.1.2. Projection des points moyens des populations

Les trois premiers axes explicitent 86,14 % de la variabilité totale, ce que témoigne d'une bonne structuration de la diversité morphologique au sein de ce taxon.

Les deux premiers axes absorbent 76.77% de la variabilité totale. Le premier explicite 57,33%, il est corrélé négativement aux trois variables : Long, Larg et P1000 et positivement au nombre d'étamines (Net), largeur du limbe (Larf), surface foliaire (Surf) et la longueur du gynophore (Logy). Le second axe absorbe 19,45%, il est corrélé positivement à la distance des entre-nœuds (Ent).

Des forts coefficients de corrélation positifs ont été obtenus entre les paramètres suivants :

- la largeur de la feuille et sa surface (0,989),
- les caractères de la graine (entre 0,888 et 0,970),
- le nombre d'étamines et la largeur du limbe (0,791)
- le nombre d'étamines et la surface foliaire (0,739).

Des coefficients de corrélation négatifs ont été enregistrés entre le nombre d'étamines et les dimensions de la graine, qui sont la longueur (Long) et la largeur de la graine (Larg) et le poids mille graine (P1000), ils sont respectivement de -0,699 ; -0,660 et -0,702 (tableau 11).

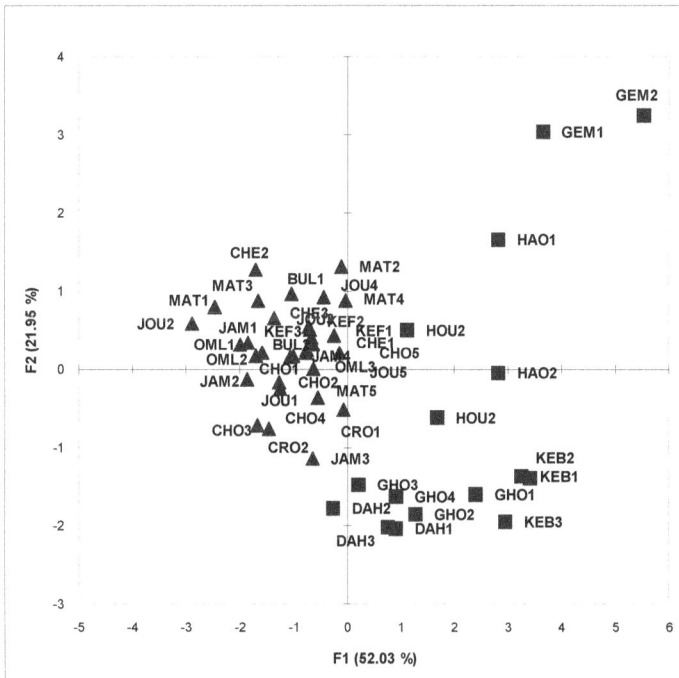

Figure 40 : Analyse en composantes principales sur les paramètres morphologiques effectuée sur les individus analysés: Projection des populations sur le plan défini par les axes 1-2

(■ : individus inermes ; ▲ : individus épineux).

Tableau 11 : Matrice de corrélation (Pearson (n)) entre les paramètres morphologiques

Variables	Rej	Long	Larg	P1000	Net	Lonf	Larf	Surf	Ent	Logy
Rej	**1**									
Long	-0,670	1								
Larg	-0,602	0,970	1							
P1000	-0,613	0,888	0,906	1						
Net	0,548	-0,699	-0,660	-0,702	1					
Lonf	0,116	-0,319	-0,317	-0,279	0,061	1				
Larf	0,595	-0,681	-0,627	-0,672	0,791	0,342	1			
Surf	0,516	-0,665	-0,613	-0,669	0,739	0,385	0,989	1		
Ent	-0,245	0,231	0,234	0,196	0,064	0,276	0,375	0,409	1	
Logy	0,182	-0,478	-0,473	-0,411	0,424	0,303	0,658	0,694	0,487	1

Le plan défini par les deux premiers axes factoriels a permis de distinguer deux groupes (figure 41). Le premier regroupe toutes les populations à câprier épineux (Bullaregia (BUL), Chemtou (CHE), Lafareg (LAF), Mateur (MAT), Nebbeur (KEF), Chouigui (CHO), Joumine (JOU), Jbel Ammar (JAM), Rommana (CRO) et Houmana (HOU)). Le second rassemble les populations inermes, ce sont celles de Ghar El Melh (GEM), Haouaria (HAO), Dahmani (DAH), Ghomrassen (GHO) et Kébili (KEB).

Le groupe des populations inermes peut être subdivisé en deux sous-groupes. Ghar El Melh (GEM) et Haouaria (HAO) rejoignent le premier et le second comprend Dahmani (DAH), Kébili (KEB) et Ghomrassen (GHO). Ces deux dernières populations sont les seules à câprier inerme et velu, elles sont représentatives du Sud tunisien.

Le plan défini par le premier et le troisième axe, qui absorbent respectivement 57,33 et 19,54 %, montrent un partage identique au premier, quoique la population de Mateur (MAT) forme un groupe isolé (figure 42).

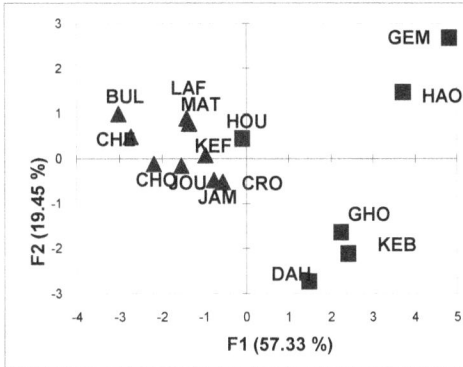

Figure 41 : Analyse en composantes principales sur les paramètres morphologiques effectuée sur les populations analysées: Projection des populations sur le plan défini par les axes 1-2 (■ : populations inermes ; ▲ : populations épineuses).

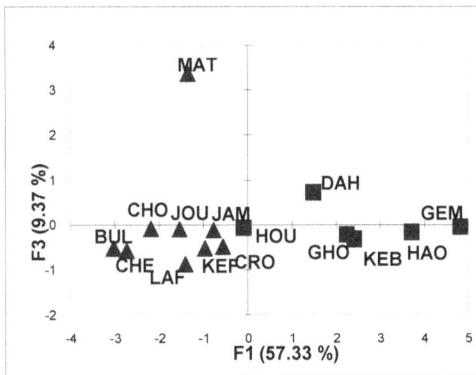

Figure 42: Analyse en composantes principales sur les paramètres morphologiques effectuée sur les populations analysées: Projection des populations sur le plan défini par les axes 1 et 3 (■ : populations inermes ; ▲ : populations épineuses).

1.2.2. Classification ascendante hiérarchique (CAH)

1.2.2.1. Analyse sur les individus

Le dendrogramme a permis de dégager deux groupes. Le premier est formé par des pieds épineux et inermes, le second est composé uniquement par des pieds inermes. Les deux groupes se sont subdivisés en deux sous-groupes (figure 43).

- Le premier groupe comprend 47 individus, dont tous les pieds épineux (39 individus) et 8 pieds inermes. Ce groupe s'est subdivisé en deux sous groupes
  - Le premier sous-groupe est mélangé entre les pieds épineux et inermes, il comprend 27 individus, dont 19 pieds épineux et 8 inermes appartenant aux populations de Ghomrassen (3), Dahmani (3) et Houmana (2).
  - Le deuxième sous-groupe est épineux, il comprend 20 pieds épineux.
- Le deuxième groupe est inerme, il comprend 11 individus. Il s'est subdivisé en deux sous-groupes
  - Le premier sous-groupe comprend 10 pieds
  - Le deuxième sous-groupe est représenté par un seul individu inerme, appartenant à la population de Ghar El Melh (GEM2)

1.2.2.2. Chez les populations

Le dendrogramme a permis de distinguer deux groupes, un groupe épineux et un autre inerme (figure 44). Ce dernier s'est subdivisé en deux sous-groupes. Ces groupes et sous-groupes montrent les caractéristiques suivantes :

-   Premier groupe

Il comprend les populations à câprier épineux, celles de Lafareg (LAF), Nebbeur (KEF), Bullaregia (BUL), Rommana (CRO), Chouigui (CHO), Mateur (MAT), Joumine (JOU), Chemtou (CHE) et Jbel Ammar (JAM). Ce groupe est caractérisé par le nombre réduit des rejets, les dimensions de la feuille, la longueur du gynophore et le nombre d'étamines sont faibles. Les graines sont développées.

-   Second groupe

Il renferme toutes les populations à câprier inerme. Il s'est subdivisé en deux sous-groupes

-   Le premier sous-groupe contient cinq populations. Ce sont celles Houmana (HOU), Dahmani (DAH), Haouaria (HAO), Kébili (KEB) et Ghomrassen (GHO). Elles montrent un nombre des rejets élevé, des feuilles de grande taille, un long gynophore et un nombre d'étamines élevé. Les graines sont de dimensions réduites.

-   Le deuxième sous-groupe contient une seule population inerme, celle de Ghar El Melh (GEM), qui se distingue de groupe inerme. Elle a montré le gynophore le plus long, le nombre d'étamines et les dimensions de la feuille les plus développés et la distance des entre-nœuds la plus élevée. Cette population (GEM) est la seule qui pousse sur des murs en ruines.

Ces trois groupes ont les valeurs morphologiques moyennes suivantes :

Tableau 12 : Valeurs moyennes obtenues pour les trois groupes obtenus.

Groupe	Rej	Long	Larg	P1000	Net	Lonf	Larf	Surf	Ent	Logy
Populations épineuses	2,7	3,6	3	11,6	73,9	27,3	22,5	430,2	18,3	44,1
Populations inermes	4	3,1	2,6	8,3	95,5	30,8	28,4	716,4	13,9	51,9
Population ionerme de Ghar El Melh (GEM)	3,5	3,1	2,6	7,2	106	43	37,5	1270,4	31,1	62,1

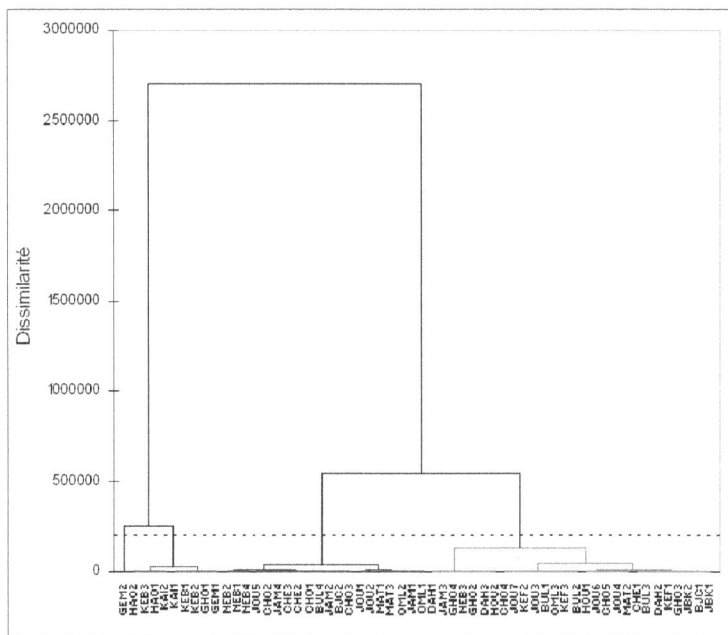

Figure 43: Classification Ascendante Hiérarchique (CAH) des individus de câprier étudié

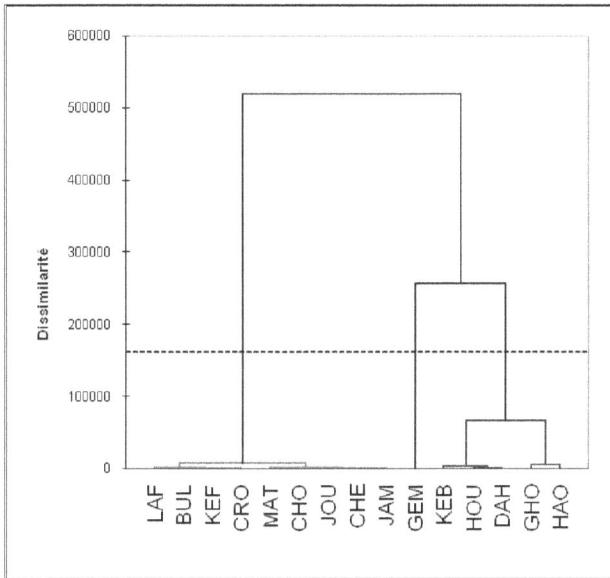

Figure 44: Classification Ascendante Hiérarchique (CAH) des populations étudiées.

2. Port de la plante

Chez les populations naturelles, dans la parcelle d'expérimentation et chez les plants obtenus par bouturage ou par semis sur le même substrat, l'architecture de la plante reste différente entre les deux types épineux et l'inerme.

Cette différence concerne les parties aérienne et souterraine. Pour la partie aérienne, le câprier épineux montre un port érigé (figure 45) et le câprier inerme présente un port rampant (figure 46). Ces différences intéressent aussi le système radiculaire, le câprier épineux montre un système pivotant profond et peu ramifié, cependant le câprier inerme montre un système racinaire peu profond et très ramifié (figures 47 et 48).

Figure 45 : Câprier épineux (population de Mjez El Beb) : port érigé de la
plante

Figure 46 : Câprier inerme (population de Ghomrassen) : port rampant de
la plante

Figure 47 : Système racinaire de plant épineux (à gauche) et un autre de plant inerme (à droite) obtenus par semis

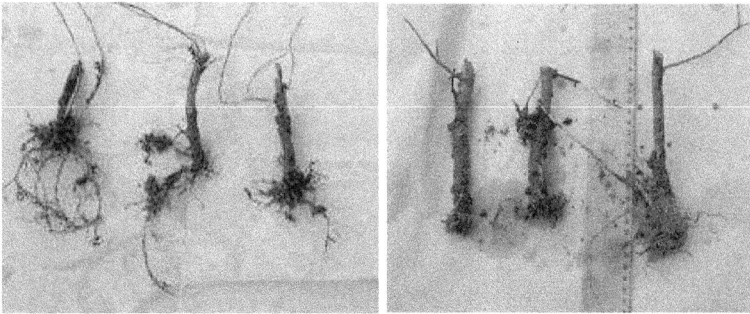

(a)   (b)

Figure 48: Architecture racinaire chez des boutures enracinées de *C. spinosa* subsp. *rupestris* (a) et celles de *C. spinosa* subsp. *spinosa* (b).

3. Approche taxonomique

La différence architecturale et les données morphologiques ont montré une nette distinction entre les deux types, épineux et inerme. Ce résultat se coïncide avec la littérature montrant la présence de deux sous-espèces en Tunisie. Ces deux sous-espèces montrent les caractéristiques morphologiques suivantes :

Un buisson à port érigé, le système radiculaire est pivotant peu ramifié, les épines sont développées et en crochue (figure 49), la longueur de la feuille est de 21-24 mm, la largeur est de 20-24 mm, la surface foliaire vaut 350-520 mm², le nombre d'étamines est de 58-112 et le poids de mille graines est de 9,6-13,8 g ………. 1. *C. spinosa* subsp. *spinosa*

Un buisson à port rampant, le système radiculaire est pivotant très ramifié, les épines sont fines ou peu développées (figures 49), la longueur de la feuille est de 28-43 mm, la largeur est de 25-37 mm, la surface du limbe vaut 600-1270 mm², le nombre d'étamines est de 78-106 et le poids de mille graines est de 7-8,2 g ………. 2. *C. spinosa* subsp. *rupestris*

Ces deux sous-espèces sont des synonymes des espèces suivantes :

C. spinosa subsp. *spinosa*

Syn. *C. leucophylla* DC., Prodr., 1 :246(1824).

C. parviflora Boiss., Diagn. Pl. Or. Nov., Ser. 1,1(1) :4(1843).

C. Deserti (Zohary) Tackh. & Boulos, Publ. Cairo Univ. Herb., 5 : 14 (1974)

C. spinosa subsp. *rupestris*

Syn. *C. inermis* Turra, Fl. Ital. Prodr. 65(1780).

C. orientalis Duh., Traité Arbr. Arbust. 1 :142(1801).

C. peduncularis Presl, del. Prag. 20 (1822).

C. spinosa var. *inermis* (Turra) Zohary, Bull. Res. Counc. Israël 8D : 51(1960).

C. ovata Desf var. *sicula* (Duham.) Zohary, Bull. Res. Counc. Israël 8D : 51(1960).

a

b

c

Figure 49 : (a) épines développées en crochues (*C. spinosa* subsp. *spinosa*), (b) épines peu développées chez *C. spinosa* subsp. *rupestris* (câprier velu) et (c) épines absentes ou fines chez *C. spinosa* subsp. *rupestris* (câprier glabre)

4. Etude anatomique

4.1. Les stomates

Les observations des stomates montrent que le câprier est une plante amphistomatique ; les stomates existent sur les deux faces de la feuille, leur nombre est plus faible sur la face ventrale. Les densités moyennes sont de 338,28 et 282 stomates/mm² respectivement pour les faces dorsale et ventrale, aboutissant à un rapport entre les deux faces qui est de 0,80 ± 0,03. Les feuilles de câprier sont hypostomatées. Les cellules de garde sont légèrement affaissées par rapport aux cellules épidermiques, qui n'ont aucune morphologie particulière, révélant des stomates anomocytiques.

Les densités stomatiques ont montré des différences inter-populations et sous-spécifiques (figures 50-55). La densité stomatique moyenne de la face dorsale (Dsd) de C. *spinosa* subsp. *spinosa* est de 468 stomates au mm², celle de la face ventrale (Dsv) est de 389 stomates au mm². Par contre, pour C. *spinosa* subsp. *rupestris*, les densités stomatiques sont de 286 et 226 stomates/mm² respectivement pour les faces dorsale et ventrale. Au sein de cette sous-espèce, les deux populations de Sud ont présenté une densité stomatique élevée, elle est de 305 et 243 stomates/mm² respectivement pour les faces dorsale et ventrale. La densité stomatique varie aussi nettement entre les populations. Pour C. *spinosa* subsp. *spinosa*, les densités stomatiques minimale et maximale de la face dorsale valent 322 et 535 stomates/mm² respectivement pour les populations de Mateur et Nebbeur. Alors que pour C. *spinosa* subsp. *rupestris*, le minimum et le maximum enregistrés sont de 206 et 376 respectivement pour les populations de Kairouan et Kébili (tableau 12).

La taille des stomates varie aussi entre les populations et les sous-espèces. Les longueurs et les largeurs des ostioles sont 5,9 - 1,4 ; 6,3 - 1,95 µm respectivement pour *C. spinosa* subsp. *spinosa*, *C. spinosa* subsp. *rupestris*. Les populations du Sud ont montré les dimensions les plus élevées, la longueur et la largeur de l'ostiole sont respectivement de 7 et 2,3 µm (tableau 12). Ces données révèlent que le câprier épineux a montré des petits stomates et des densités stomatiques élevées. Cependant, le câprier inerme est caractérisé par des grands stomates avec des faibles densités stomatiques.

3.1. Les poils épidermiques de la feuille

Les poils existent sur les deux faces de la feuille pour toutes les populations. Ils sont unicellulaires, leurs dimensions varient de 120 à 230 µm, respectivement pour les populations de Kébili (KEB) et Kairouan (KAI) (tableau 13). La moyenne est de 174 µm.

Tableau 13: Densité stomatique au niveau de l'épiderme foliaire pour les populations et les sous-espèces.

Sous-espèces	Type	Populations	Dsd	Dsv	Longueur des poils (µm)
C. spinosa subsp. *rupestris*	Inerme et velu	GHO	234	180	160
		KEB	376	306	120
	Inerme et glabre	KAI	206	156	230
		HAO	256	180	190
		DAH	360	324	180
C. spinosa subsp. s*pinosa*	Epineux	KEF	576	594	180
		MAT	360	234	160
		Moyenne	338,28 ± 125,18	272,85 ± 114,57	174,28 ± 33,59

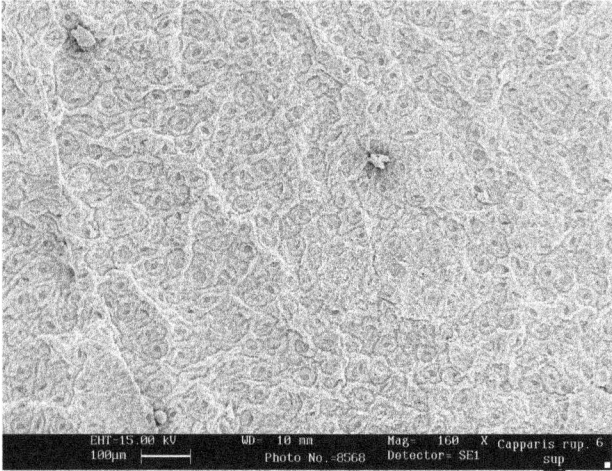

a

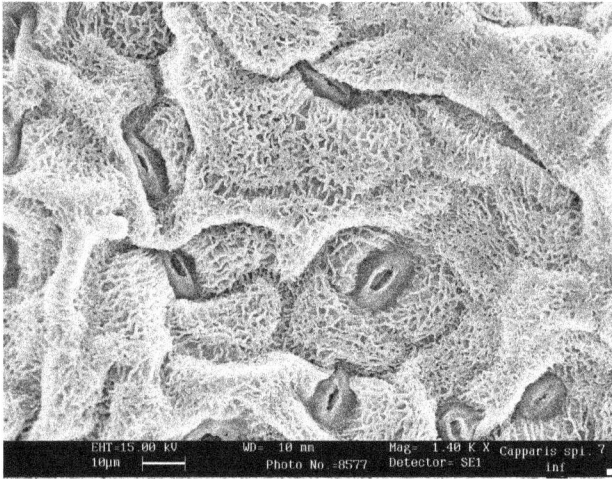

b

Figure 50: Stomates de l'épiderme ventral (Population de Nebbeur)

(a : 0,8 cm = 100 μm et b : 0,8 cm = 10 μm)

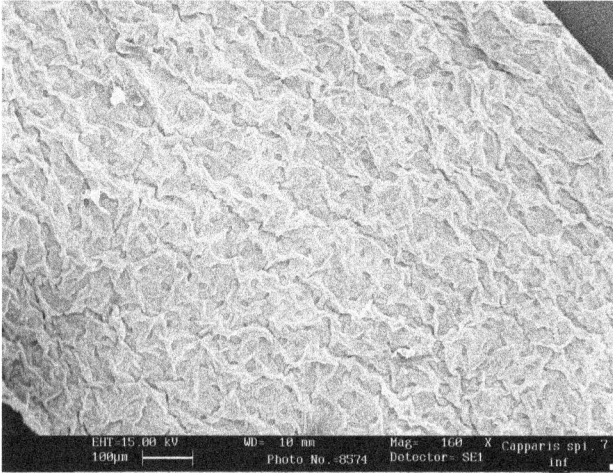

a

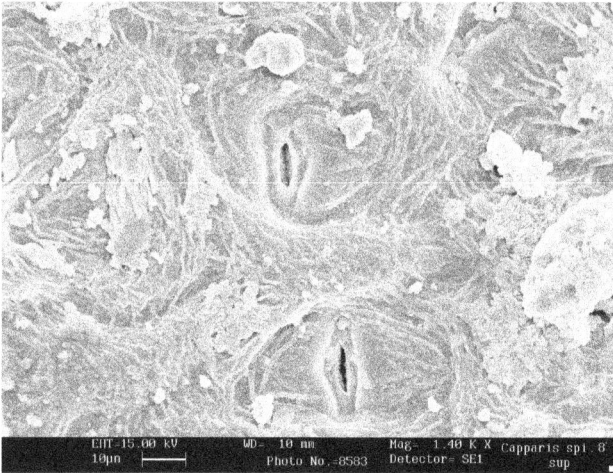

b

Figure 51 : Stomates de l'épiderme ventral (Population de Mateur)

(a : 0,8 cm = 100 µm et b : 0,8 cm = 10 µm)

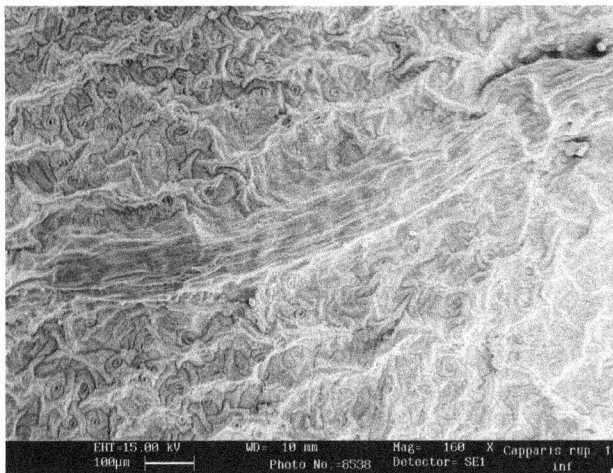

a

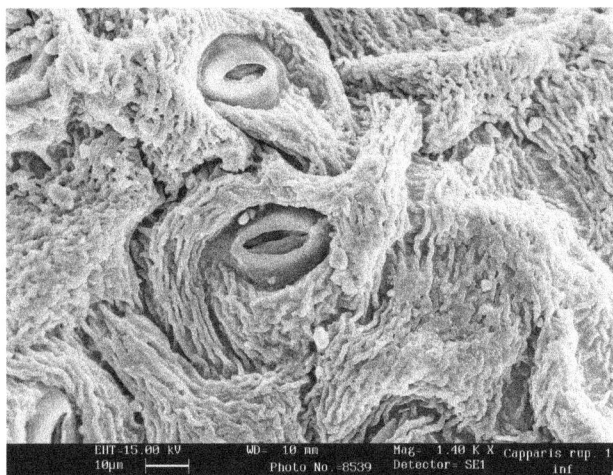

b

Figure 52 : Stomates de l'épiderme ventral (Population de Dahmani)

(a : 0,8 cm = 100 µm et b : 0,8 cm = 10 µm)

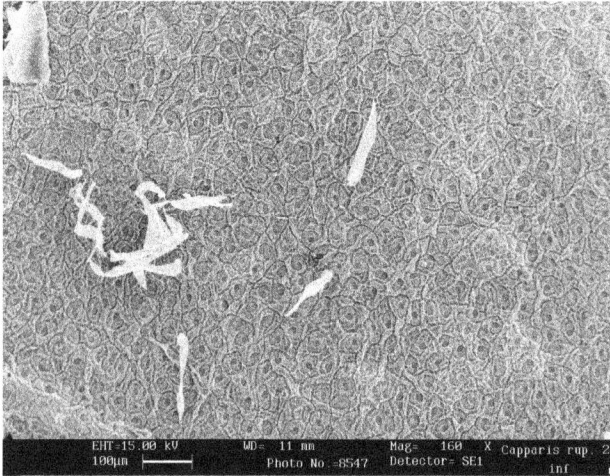

a

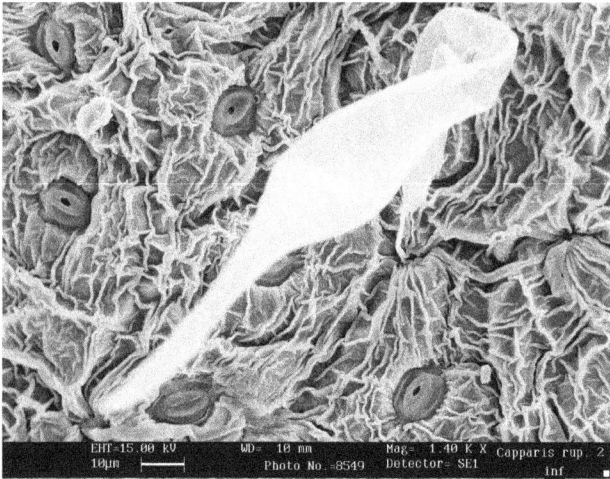

b

Figure 53 : Stomates de l'épiderme ventral (Population de Ghomrassen)

(a : 0,8 cm = 100 µm et b : 0,8 cm = 10 µm)

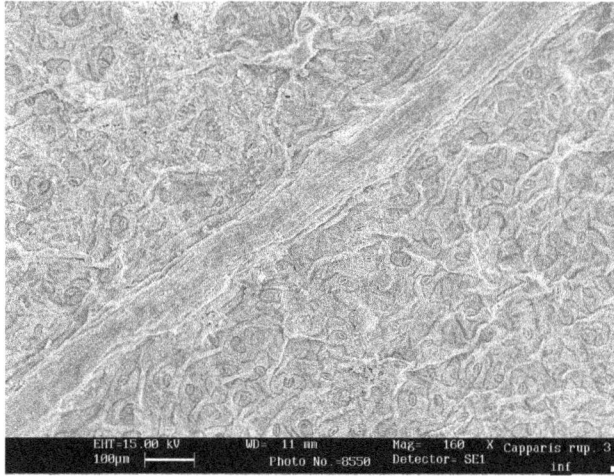

a

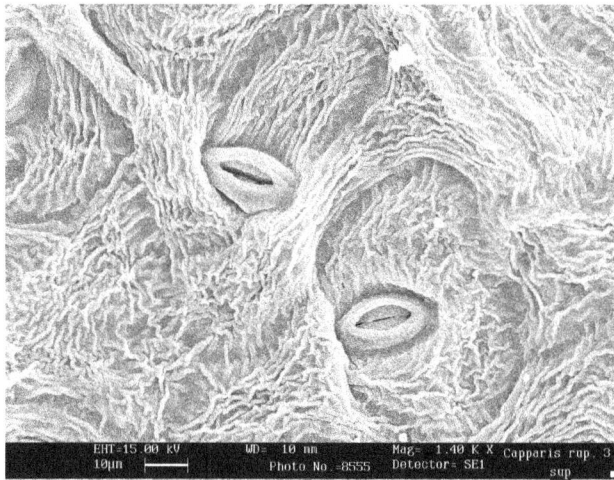

b

Figure 54 : Stomates de l'épiderme ventral (population de Haouaria)

(a : 0,8 cm = 100 µm et b : 0,8 cm = 10 µm)

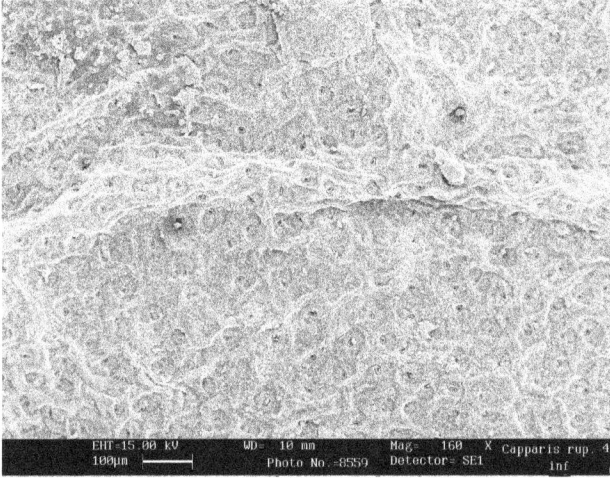
a

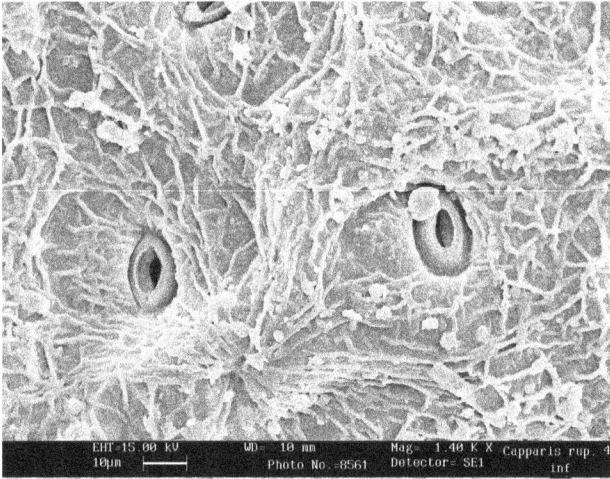
b

Figure 55 : Stomates de l'épiderme ventral (population de Kairouan)

(a : 0,8 cm = 100 µm et b : 0,8 cm = 10 µm)

3.2. Les nectaires

Le câprier est caractérisé par un grand nectaire à la base des pétales. Sa forme est variable essentiellement entre les deux sous-espèces. *C. spinosa* subsp. *rupestris* est caractérisée par un nectaire étoilé, avec des angles pointus. Toutefois, *C. spinosa* subsp. *spinosa* est caractérisée par un nectaire triangulaire, dont les angles sont arrondis (figure 56).

4. Etude phénologique

4.1. Date de débourrement

Dans la parcelle d'expérimentation, le démarrage de cycle végétatif de la plante a commencé au mois de février, 25 % des individus ont montré le débourrement. Ce phénomène est observé chez tous les individus de Bullaregia (BUL) et Chemtou (CHE), deux individus de Nebhana (NEB) et Joumine (JOU) et un individu de chacune des populations d'Oued Mlize (OML), Mateur (MAT), Jbel Ammar (JAM) et Dahmani (DAH). Cette dernière est la seule appartenant au type inerme, tous les autres pieds sont épineux.

Au début du mois de mars, les individus montrant le débourrement appartiennent aux populations de Nebhana (NEB), Nebbeur (KEF), Oued Mlize (OML), Bullaregia (BUL), Chemtou (CHE), Jbel Ammar (JAM), Joumine (JOU), Mateur (MAT), Kairouan (KAI), Houmana (HOU) et Dahmani (DAH). Les individus de Rommana (CRO), Jbel Bni Kleb (JBK), Ghomrassen (GHO) et Kébili (KEB) n'ont pas présenté le débourrement. Les deux premières populations sont épineuses et les deux secondes sont inermes et velues, appartenant au Sud du pays. Au mi avril, tous les individus de la parcelle ont arrivé au stade de débourrement.

D'après ce suivi, nous avons pu constater que le débourrement chez le câprier épineux est plus précoce que celui observé chez le câprier inerme et velu (tableau 14).

4.2. Date de la production des boutons floraux

L'apparition des boutons floraux commence mi mars, mais des variations individuelle et inter-populations ont été observées. Le premier individu produit des boutons floraux appartient à la population de Chemtou (CHE1). Une semaine après, des autres individus de Chemtou (CHE), Joumine (JOU), Mateur (MAT), Bullaregia (BUL), Oued Mlize (OML) et Nebhana (NEB) ont produit des boutons floraux. Tous sont des individus épineux, aucun individu inerme n'a donné des boutons floraux. Au 21 avril, toutes les populations ont montré la production des boutons floraux, à l'exception de deux individus de Ghomrassen (GHO2 et GHO4) et un individu de Kébili (KEB2). Nous avons pu constater une production précoce chez les populations épineuses par rapport aux populations inermes. Ainsi, les deux populations de Sud tunisien (GHO et KEB) sont les populations les plus tardives en production des câpres (tableau 14).

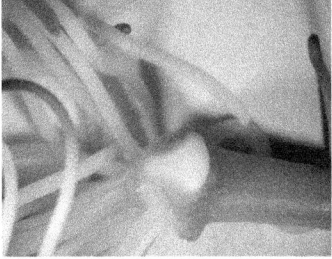

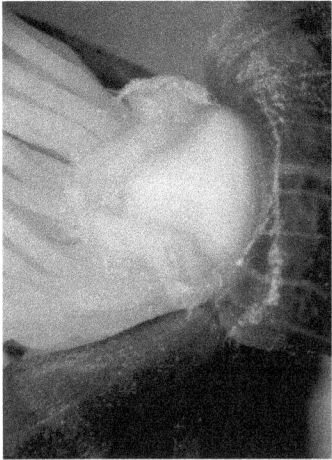

Figure 56 : Forme du nectaire chez la population de Ghomrassen (a), la population de Haouaria (b) et la population de Nebbeur (c)

4.3. Date de défoliation

Les deux sous-espèces du câprier étudiées montrent des périodes de défoliation différentes. *C. spinosa* subsp. *spinosa* montre une défoliation totale au mois de novembre. Cependant, elle est tardive chez *C. spinosa* subsp. *rupestris*, elle a commencé au mois de novembre chez les populations de Houmana (HOU) et Dahmani (DAH) pour s'étendre jusqu'au janvier pour celle de Kairouan (KAI). Au sein de cette sous-espèce, les populations septentrionales présentent la persistance du feuillage. Ce phénomène est observé chez les individus de Kébili (KEB) et Ghomrassen (GHO).

Tableau 14: Périodes de dormance, de débourrement et de production de boutons floraux chez les différents individus.

Individus	15.02	02.03	17.03	23.03	01.04	08.04	14.04	21.04
NBH1								
NBH2								
NBH3								
NBH4								
JBK1								
JBK2								
KEF1								
KEF2								
KEF3								
GHO1								
GHO2								
GHO3								
GHO4								

OML1							▓	
OML2								▓
OML3				▓	▓	▓	▓	▓
BUL1				▓	▓	▓	▓	▓
BUL2						▓	▓	▓
BUL3						▓	▓	▓
BUL4						▓	▓	▓
CHE1			▓					▓
CHE2				▓	▓	▓	▓	▓
CHE3				▓	▓	▓	▓	▓
KAI1						▓		▓
KAI2								▓
KEB1	▦	▦	▦	▦	▦	▦		
KEB2	▦	▦	▦	▦	▦	▦		▓
KEB3	▦	▦	▦	▦	▦	▦		
HOU1							▓	▓
HOU2				▓				▓
DAH1					▓	▓	▓	▓
DAH2						▓	▓	▓
DAH3					▓	▓		▓
JAM1							▓	▓
JAM2								▓
JAM3					▓			▓
JAM4								▓
HAO1							▓	▓
HAO2							▓	▓
CRO1					▓	▓	▓	▓

CRO2									
JOU1									
JOU2									
JOU3									
JOU4									
JOU5									
MAT1									
MAT2									
MAT3									
MAT4									
MAT5									
GEM1									
GEM2									
CHO1									
CHO2									
CHO3									
CHO4									
CHO5									

Légende :

	Défoliation totale
	Défoliation partielle
	Débourrement
	Production de boutons floraux

5. Effet de la sous-espèce sur la multiplication du câprier

Le câprier (*Capparis spinosa*) se propage naturellement par multiplication sexuée. Les graines dispersées par les animaux germent quand elles trouvent les conditions favorables. Toutefois, la plante peut être multipliée artificiellement par voie végétative, dont le bouturage, le greffage et la culture *in vitro*.

6.1. Caractéristiques de la germination

6.1.1. Effet de la population et de la sous-espèce sur la germination

6.1.1.1. Poids de 1000 graines

Les populations de Ghomrassen (GHO), Dahmani (DAH), Bullaregia (BUL) et Mateur (MAT), montrent respectivement des poids de 1000 graines de 7.51 ; 7.10 ; 12.98 et 11.48 g et les dimensions de la graine (longueur / largeur) sont respectivement de 3.21-2.59 ; 2.99-2.52 ; 3.97-3.33 et 3.60-2.92 mm.

6.1.1.2. Taux de viabilité

Après deux ans de conservation à la température ambiante, le taux de viabilité est supérieur à 94% pour toutes les populations (tableau 15).

Tableau 15: Taux de viabilité des graines de différentes populations après 28 mois de conservation.

BUL	CHE	KEF	CHO	LAF	MAT	JOU	CRO	HOU	JAM	GHO	HAO	GEM	DAH
96	100	94	100	97	100	100	94	100	98	100	100	100	100

6.1.1.3. Période de latence

La période de latence minimale avant la levée de la dormance est de 13 semaines, elle est enregistrée chez les populations de Lafareg (LAF), Bullaregia (BUL) et Chouigui (CHO) pour le câprier épineux et chez celles de Houmana (HOU), Kébili (KEB) et Ghomrassen (GHO) pour le câprier inerme. Ces deux dernières (KEB et GHO) sont les populations représentatives du Sud tunisien. Cette période de latence est de 16 semaines chez les populations de Joumine (JOU), Chemtou (CHE) et Rommana (CRO), appartenant à *C. spinosa* subsp. *spinosa*.

6.1.1.4. Taux de germination

Le câprier montre un faible taux de germination, le taux moyen pour toutes les populations est de 9.11 %. Le taux de germination varie de 0.75% chez la population de Dahmani (DAH) à 18.3% à Ghomrassen (GHO). Pour les deux sous-espèces, le taux de germination est de 11.3 et 8.5 % respectivement pour *Capparis spinosa* subsp. *spinosa* et *C. spinosa* subsp. *rupestris*.

6.1.2. Effet de stress hydrique et salin sur la germination du câprier

6.1.2.1. Effet du stress osmotique

Les graines traitées au PEG-6000 montrent une diminution de taux de germination en fonction de l'augmentation de la concentration du PEG utilisée. Les potentiels osmotiques croissants affectent les taux de germination et provoquent une diminution significative en fonction des traitements. L'effet dépressif du stress osmotique touche les quatre populations d'une façon significative ($P < 0.0001$). En effet, pour les quatre populations, les rapports entre les potentiels osmotiques et les pourcentages de germination révèlent des corrélations de type polynomial avec des coefficients (R) supérieurs à 0.9681.

La réponse de la germination des graines aux six traitements (stress osmotique) permet de distinguer des différences significatives. En présence de l'eau distillée (0 bar), le taux de germination est à 93% pour les quatre populations. A partir d'une pression osmotique de -2 bars, la germination est significativement affectée pour toutes les populations, mais la diminution diffère significativement entre elles. Elle est de 26, 48, 52.5 et 64% respectivement pour les populations de Ghomrassen (GHO), Dahmani (DAH), Bullaregia (BUL) et Mateur (MAT). A une pression osmotique de -4 bars, la population de Ghomrassen (GHO) se distingue par le taux de germination le plus élevé, qui vaut 50%. Par contre, la population de Mateur (MAT) montre le taux de germination le plus faible (18,75%). Les deux populations de Dahmani (DAH) et Bullaregia (BUL) ont montré des pourcentages de germination respectifs de 37.5 et 31.25%. Pour des potentiels osmotiques de -6 et -8 bars, aucune différence significative n'a été enregistrée entre les populations et leurs pourcentages de germination ne dépassent pas 20%. Enfin, pour le traitement de -10 bars, le taux de germination est proche de 0% pour toutes les populations.

Le temps de latence varie entre les populations. Dès le premier jour, 23.28, 15.88, 6.25, et 8% des graines ont pu germer respectivement pour les populations de Ghomrassen (GHO), Dahmani (DAH), Bullaregia (BUL) et Mateur (MAT) (figure 57). Les graines stressées ont montré une augmentation des temps de latence par rapport aux témoins. Les retards sont de 1.4, 2.6, 0.8 et 1 jours respectivement pour ces mêmes populations : Ghomrassen (GHO), Dahmani (DAH), Bullaregia (BUL) et Mateur (MAT).

La comparaison sous-spécifique a montré une différence significative entre les deux sous-espèces étudiées (P<0.0001). Les deux populations de *C. spinosa* subsp. *rupestris* sont plus tolérantes au stress osmotique que celles de *C. spinosa* subsp. *spinosa*. La première sous-espèce à un taux moyen de 38.75%, alors que chez la seconde, il est de 30.40%.

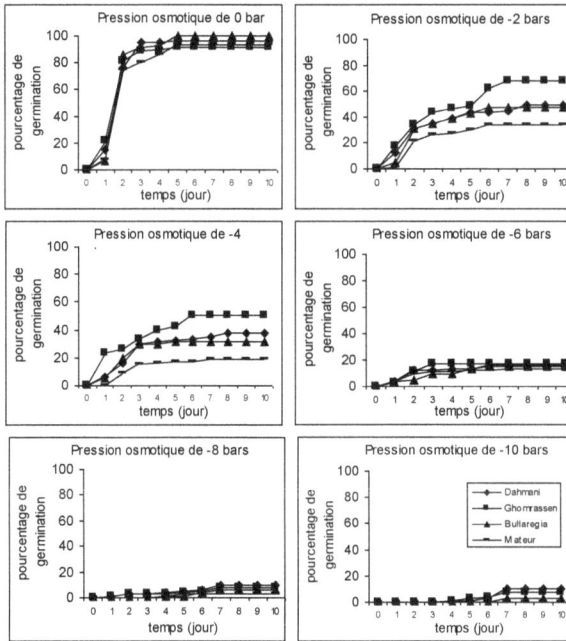

Figure 57 : Evolution du taux de germination des populations en fonction du potentiel osmotique (0, -2, -4, -6, -8 et -10 bars).

6.1.2.2. Effet du stress salin

L'analyse de la variance des taux de germination révèle des différences significatives entre les traitements et entre les populations (P<0.0001). Selon le test de comparaison des moyennes de Newman et Keuls, à l'exception du témoin (0 mmol.l^{-1} de NaCl), tous les autres traitements ont présenté des différences significatives au seuil de 0.05. Selon la réponse des populations aux traitements 0, 50, 100, 200 et 250 mmol.l^{-1} de NaCl, deux groupes ont été distingués. Un premier constitué par la population de Ghomrassen (GHO), qui se distingue du reste par la faculté germinative la plus élevée. Un second réunit les populations de Dahmani (DAH), Bullaregia (BUL) et Mateur (MAT). Cette dernière montre chaque fois le taux de germination le plus faible.

A une salinité de 150 mmol.l^{-1} de NaCl, on a révélé la présence de trois groupes. La population de Ghomrassen (GHO) se distingue nettement par le taux de germination le plus élevé. Celle de Mateur (MAT) montre le taux de germination le plus faible. Les deux autres populations (Dahmani (DAH) et Bullaregia (BUL)) occupent une position intermédiaire entre les deux précédentes.

D'après ces résultats, on remarque que le pourcentage germinatif des quatre populations est nettement influencé par la salinité. L'évolution des taux germinatifs montre des diminutions progressives avec l'accroissement des concentrations de NaCl (figure 58). Les valeurs moyennes de diminution sont de l'ordre de 19.2, 37.0, 51, 65.5 et 91,2% respectivement pour des concentrations en NaCl de 50, 100, 150, 200 et 250 mmol.l^{-1}. La population de Ghomrassen (GHO) a montré le taux de germination le plus élevé pour tous les traitements. D'ailleurs, elle est la seule population qui a pu germer à une concentration de 250 mmol.l^{-1}, en présentant un pourcentage moyen de germination de 8,75 ± 4,78% (figure 58).

La diminution de pourcentage de germination est proportionnelle à l'augmentation de concentration de NaCl. Le rapport existant entre ces deux paramètres, est représenté par des corrélations de type linéaire pour toutes les populations étudiées, leurs coefficients de corrélations (R) sont supérieurs à 0,98.

De point de vue taxonomique, le comportement vis-à-vis de la salinité diffère entre les deux sous-espèces étudiées. *C. spinosa* subsp. *rupestris* est plus tolérante à la salinité au stade germinatif, son taux moyen de germination est de 51,52 ± 7,81%, bien qu'au sein de cette sous-espèce les deux populations aient réagi différemment vis-à-vis de la salinité. *C. spinosa* subsp. *spinosa* est plus sensible à la salinité. Les deux populations de cette sous-espèce ont présenté une faculté germinative moyenne de 42,81 ± 2,20 %.

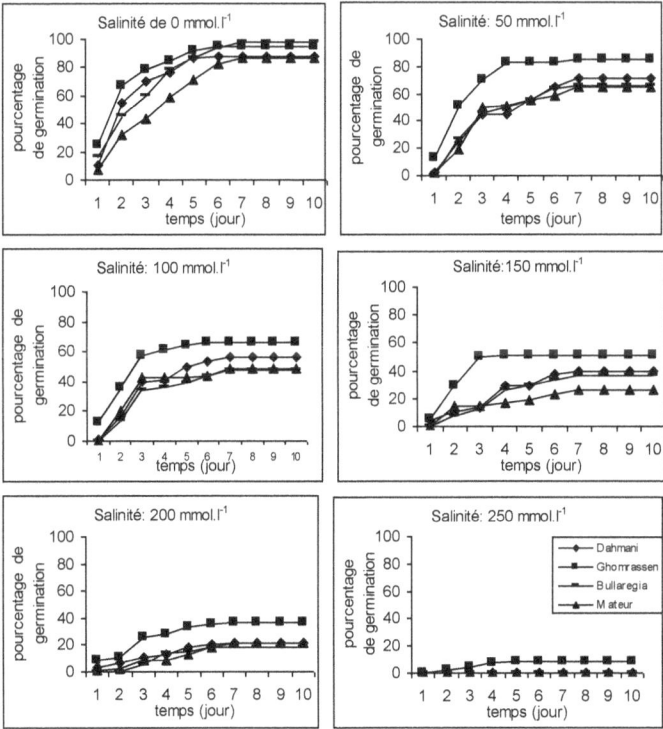

Figure 58 : Taux de germination (%) des quatre populations étudiées en fonction de la salinité (mmol.l^{-1}).

6.2. Bouturage

Le câprier montre un faible taux d'enracinement par bouturage. Ce taux varie de 0% pour les populations de Mateur (MAT) et Rommana (CRO) à 15,2 ± 3,6 % pour la population de Kairouan (KAI) (figure 59). Ces valeurs varient significativement entre *Capparis spinosa* subsp. *spinosa* et *C. spinosa* subsp. *rupestris*. En effet, les pourcentages d'enracinement respectifs sont de 0,7 ± 0,5 et 11,4 ± 2,5%. Les deux sous-espèces ont montré aussi des différences au niveau du taux et de la précocité de débourrement. *C. spinosa* subsp. *rupestris* a montré un taux de débourrement de 91% et une précocité de deux semaines par rapport à *C. spinosa* subsp. *spinosa*, qui a montré un taux de débourrement de 64%.

Le profil racinaire varie nettement entre ces deux sous-espèces, il est fortement ramifié pour le câprier inerme, toutefois, il est caractérisé par une seule racine allongée pour le câprier épineux. Ces différences paraissent aussi au niveau de la précocité de fructification, seules les populations de *C. spinosa* subsp. *rupestris* ont donné des boutons floraux dès la première année.

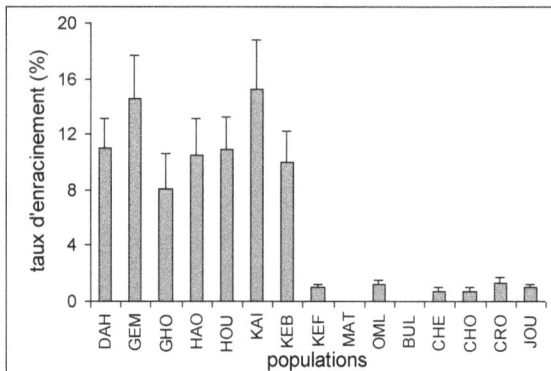

Figure 59 : Taux d'enracinement des boutures en fonction des populations.

7. Discussion

7.1. Analyse de la variabilité

L'analyse morphologique du câprier en Tunisie, a montré une grande variabilité individuelle et inter-populations, qui intéresse tous les traits morphologiques analysés. Ces résultats ont été obtenus aussi ont en Sicile (Fici, 2001), au Maroc (Echchgadda *et al.*, 2006) et dans d'autres régions de la Méditerranéen (Zohary, 1960, Jacobs, 1965 ; Higton et Akeroyd, 1991 ; Tutin *et al.*, 1993 ; Heywood, 1993). Ces variations sont liées à une diversité génétique évoquée pour ce taxon (Skouri, 2000 ; R.S.F., 2001 ; Inocencio *et al.*, 2005 et Echchgadda *et al.*, 2006). Toutefois, cette origine génétique de la diversité n'élimine pas l'effet géographique. Donc, la variabilité morphologique du câprier peuvent s'expliquer par :

- La multiplication de la plante est assurée par un régime strictement sexué, préférentiellement allogame (Skouri, 2000), à pollinisation entomophile prédominante par les abeilles (Eisikowitch *et al.*, 1986 et Daphni *et al.*, 1987). Barbera (1991) a indiqué que les hybridations intraspécifiques et interspécifiques sont possibles chez le genre *Capparis*. La cohabitation, entre les deux sous-espèces épineuse et inerme, observée essentiellement dans les sites de Houmana et Chemtou agit sur « l'amplitude » du polymorphisme phénotypique. En effet, la première population montre des caractéristiques intermédiaires entre les deux sous-espèces. Chez la seconde, on a observé des phénotypes caractérisés par des différences essentiellement au niveau de la forme des rejets et le développement des épines.

- Le câprier est une plante spontanée, occupant la région méditerranéenne, dont la Tunisie, depuis des milliers d'années (Rivera *et al.*, 2002). Il a vécu plusieurs changements sous la pression de phénomène de sélection naturelle, afin de s'adapter avec les divers habitats, caractérisés par des conditions écologiques, dont une sécheresse aigue et des températures élevées. Ces adaptations sont morphologiques (Fici, 2001), anatomiques (Psaras et Sofroniou, 1999) et physiologiques (Oppenheimer, 1961 ; Rhizopoulou, 1990 ; Rhizopoulou *et al.,* 1997 ; Fici, 2001 ; Rhizopoulou et Psaras, 2003 et Rhizopoulou *et al.,* 2006).

- La dispersion des graines est assurée par les animaux, dont les oiseaux (Marouani, 1996), les lézards (Fici et Lo Valvo, 2004) et les formicidés (Hodar, 1995). Cette manière de dispersion permet une large répartition de la plante.

La caractérisation morphologique a permis de confirmer la présence d'une seule espèce en Tunisie, signalée par Pottier-Alapetite, (1979). Pourtant, Zohary (1960) avait supposé la présence de *Capparis ovata* subsp. *sicula* au Sud tunisien. En faite, ces populations rejoignent *C. spinosa* subsp. *rupestris*. Elles diffèrent par des caractères d'adaptation à la sécheresse qui lui permet de représenter un écotype ou une variété de subsp. *rupestris*. Au sein de *C. spinosa*, une nette ségrégation a été enregistrée entre les deux groupes, épineux et inerme. En nous référant aux travaux de Jacobs, (1965) ; Higton et Akeroyd, (1991) ; Heywood, (1993) ; Fici *et al.,* (1995) ; Fici et Gianguzzi (1997) ; Fici (2001) et Fici (2004), ces deux groupes sont retenus comme deux sous-espèces (*C. spinosa* subsp. *spinosa* et *C. spinosa* subsp. *rupestris*). Ces auteurs ont jugé la présence d'une seule espèce polymorphe (*C. spinosa* L.) à l'échelle méditerranéenne, avec une variabilité sous-spécifique. Ces deux sous-espèces diffèrent essentiellement au niveau du port, les dimensions des feuilles, le nombre d'étamines et le développement des épines.

L'amplitude de la diversité est variable entre les deux sous-espèces. *C. spinosa* subsp. *spinosa* est moins polymorphe que *C. spinosa* subsp.

rupestris, caractérisée par des descripteurs plésiomorphiques et représente une forme ancestrale, en conservant les caractères tropicaux de l'espèce (Fici, 2001). Tandis que, *C. spinosa* subsp. *spinosa* est une sous–espèce évoluée, caractérisée par la possibilité de développement sur des sols profonds, son port est érigé, ses feuilles sont de taille réduite et leurs épines sont développées. Ce dernier caractère est considéré comme une adaptation contre les herbivores (Fici, 2001) et parait un excellent critère de caractérisation taxonomique du câprier. D'ailleurs, Fici (1993) a pris en considération l'effet discriminant des épines dans la taxonomie de la plante. Ultérieurement, Skouri (2000) et R.S.F (2001) ont montré l'importance de ce caractère dans la distinction des génotypes.

Au sein de la sous-espèce inerme, *C. spinosa* subsp. *rupestris*, existant au Nord, au Centre et au Sud du pays, deux variétés peuvent être retenues. La première est glabre, elle comprend les populations du Nord et du Centre de la Tunisie. La seconde est poilue, elle renferme les populations du Sud (KEB et GHO). Cette variété a montré les caractères suivants :

- Le développement des épines est lié aux conditions d'aridité. En effet, les épines sont totalement absentes chez la population de Ghar El Melh (GEM), mais, elles sont développées chez les populations de Haouaria (HAO), Houmana (HOU) et Dahmani (DAH), et elles sont plus développées chez les populations du Sud : Kébili (KEB) et Ghomrassen (GHO).

- L'abondance des poils, qui couvrent tous les organes de la plante, au moins au stade juvénile, chez les populations de Sud tunisien. Mais, ils apparaissent généralement sur les premières feuilles dans les autres localités. Ce paramètre est un excellent caractère de distinction de l'écotype du Sud et se présente comme une adaptation aux conditions d'aridité.

- La longueur des entre-nœuds diminue selon un gradient Nord- Sud, lié probablement aux conditions écologiques.
- Le nombre d'étamines est élevé exceptionnellement pour les populations du Sud. Il parait aussi comme une adaptation aux conditions d'aridité dans la région de sud, où la densité de peuplement est faible et les populations sont représentées par quelques individus éloignés ou isolés.

Les deux sous-espèces retenues ont montré des différences aux taxons du câprier que nous avons observé dans la région de Fès (Maroc). Ces taxons ont été étudiés par Echchgadda *et al.* (2006), qui ont suggéré la présence de plusieurs espèces. Ainsi, les deux sous-espèces retenues pour la Tunisie sont différentes de *C. spinosa* subsp. *spinosa* var. *canescens* qui nous avons observé à Sicile. Cette variété a été étudiée et retenue par Fici (2001). Toutefois, *C. spinosa* subsp. *rupestris* parait semblable à celle que nous avons observée à Sicile et retenue par Fici (2001).

Du point de vue anatomique, l'épiderme ne montre pas les mêmes caractéristiques pour toutes les populations étudiées. La différence concerne la densité stomatique, les dimensions des stomates et la longueur des poils. Ces variations paraissent d'origine génétique. En effet, le câprier épineux est plus riche en stomates de petite taille, ceux de câprier inerme sont plus développés et de faible densité. Les deux populations du Sud (Ghomrassen (GHO) et Kébili (KEB)), appartenant au *C. spinosa* subsp. *rupestris*, qui forment un écotype caractérisé une densité stomatique relativement élevée et la présence des poils. Celle de Kébili, où le climat est plus sec (saharien), a montré une densité stomatique plus élevée et des stomates de petite taille.

En effet, en Grèce, Rhizopoulou *et al.,* (2006) ont compté 121 stomates / mm^2 chez les feuilles de *Capparis spinosa*, Ainsi, en Italie, Fici (2004) a signalé que la taille des stomates est plus élevée chez *C. spinosa* subsp. *spinosa*. Ces résultats diffèrent à ceux obtenus dans notre étude et suggèrent des différences variétales entre les matériaux étudiés. D'ailleurs, en Italie, Fici (2004) a étudié *C. spinosa* subsp. *spinosa* var. *canescens*. Cette variété n'a pas été observée au cours de notre prospection.

En comparaison avec d'autres espèces de la région aride de la Tunisie, le câprier a montré des valeurs proches à celles signalées par Rejeb *et al.* (1992) pour le caroubier (*Ceratonia siliqua* L.). Chez cette dernière, la densité stomatique obtenue est de 217 stomates / mm²

Pour les nectaires, nous avons mentionné des formes triangulaire et étoilée respectivement pour *C. spinosa* subsp. *spinosa* et *C. spinosa* subsp. *rupestris*. En effet, Inocencio *et al.*, (2002) ont jugé la forme triangulaire du nectaire chez *Capparis spinosa* et elle est étoilée chez *Capparis sicula*. Ce résultat vérifie que *C. spinosa* subsp. *spinosa* et *Capparis sicula* ont la même du nectaire. Déjà, elles sont considérées comme des synonymes par Fici (2001).

La densité stomatique, la taille des stomates et la présence des poils agissent directement sur les comportements physiologiques de la plante, essentiellement la tolérance à l'aridité. Ainsi, la taille et la forme de la glande nectarifère agit sur la reproduction de l'espèce, surtout la quantité et la qualité de nectar produit et le type de pollinisateurs

Du point de vue phénologique, des différences inter-populations et individuelles ont été observées chez les populations installées ensemble dans la même parcelle. Ces différences peuvent s'expliquer par des facteurs génétiques. Le débourrement est précoce chez des populations épineuses (NEB, OML, BUL, CHE, JAM, JOU et MAT). Mais, les populations tardives sont des populations inermes (GHO, KAI, KEB, HOU, HAO et GEM). Ces différences phénologiques orientent la sélection, les génotypes précoces peuvent permettre une longue période de récolte de câpres avant l'attaque par la mouche de câpre, observée généralement au mois de juillet.

Le facteur géographique apparait en second lieu, les populations nordiques ont montré des variations liées au facteur « site ». Celles du Nord- Ouest (Bullaregia (BUL), Chemtou (CHE) et Oued Mlize (OML)) sont plus précoces, dans le débourrement et la production des boutons floraux, que celles de Nord- Est, dont Jbel Bni Kleb (JBK), Rommana (CRO) et Jbel Ammar (JAM). Ainsi, les populations méridionales, Kébili (KEB) et Ghomrassen (GHO), sont les plus tardives pour tous les stades suivis et elles ont montré un comportement différent, essentiellement par la persistance du feuillage.

Pour tous les paramètres morphologiques et phénologiques analysés, les deux populations de Kébili (KEB) et Ghomrassen (GHO) forment un sous-groupe au sein du groupe inerme. Elles paraissent comme un écotype/ variété poilu de la sous-espèce *C. spinosa* subsp. *rupestris*.

7.2. Effet de la population et de la sous-espèce sur la multiplication du câprier

7.2.1. Influence du génotype

Le câprier est caractérisé par un faible taux de germination. Ce résultat corrobore ceux obtenus précédemment par Orphanos, (1983), Sozzi et Chiesa, (1995), Sozzi, (2001) et Olmez *et al.,* (2004[a,b]) qui ont obtenu des pourcentages de germination naturelle inférieurs à 10%. Ce faible taux de germination est expliqué par l'intégrité des téguments et le mucilage de la graine (Sozzi et Chiesa, 1995). Cette structure à des intérêts écologiques, il s'agit d'une adaptation de l'espèce au climat méditerranéen sec (Scialabba *et al.,* 1995 et Stromme in Sozzi, 2001).

Les effets génotypique et sous-spécifique sont déterminants dans ce comportement. En effet, le taux de germination varie nettement entre les populations et entre les deux sous-espèces.

Dans les conditions de stress hydrique ou salin, les différences sous-spécifique et intra-populations sont significatives. En effet, *C. spinosa* subsp. *rupestris* est plus tolérante à ces stress que *C. spinosa* subsp. *spinosa*. Cela corrobore les résultats de Ben Abdellah (2000), qui a étudié des jeunes plants et a montré que le câprier inerme (*C. spinosa* subsp. *rupestris*) est tolérant au stress salin. Aucune étude comparative n'a été réalisée pour le stress hydrique.

La physiologie de bouturage est liée aussi clairement au facteur sous-spécifique, les deux sous-espèces étudiées ont présenté des comportements physiologiques différents au niveau de taux d'enracinement, de volume racinaire, de développement de la partie aérienne et de précocité de fructification. En effet *C. spinosa* subsp. *rupestris* a montré un taux d'enracinement plus élevé, un système radiculaire ramifié, un nombre des rejets plus élevé et une production des boutons floraux plus précoce. L'enracinement plus facile chez le câprier inerme pendant le bouturage est signalé déjà par Sozzi (2001) et R.S.F. (2001).

7.2.2. Effet du site sur la germination et le bouturage du câprier

Le taux de germination parait indépendant du facteur géographique et aucune distribution géographique n'est liée aux pourcentages de germination. Toutefois, dans les conditions de stress salin ou hydrique, les populations réagissent différemment au stade de germination et leurs comportements variables paraissent en relation avec les conditions du milieu. La population de Ghomrassen (GHO), appartenant à *C. spinosa* subsp. *rupestris*, et existant dans les conditions le plus ardues, dont son habitat est caractérisé par un sol salin (CE = 10,7 dS/m), une sécheresse aigue et une température élevée, a montré la tolérance aux stress hydrique et salin la plus élevée. Ainsi, les deux populations représentant la région méridionale du pays, Ghomrassen (GHO) et Kébili (KEB), ont présenté un temps de latence court pendant la germination. Ce phénomène parait aussi comme une adaptation à l'aridité du milieu.

CHAPITRE 5
BIOLOGIE FLORALE DU CAPRIER

La définition des systèmes de reproduction est une étape déterminante de l'amélioration des espèces. L'étude de ce système repose en premier lieu sur l'analyse de la biologie (El Gazzah, 1992). Ce chapitre vise l'étude de la morphologie florale, l'anatomie du nectaire, l'ultramorphologie du pollen, le suivi des visiteurs de la fleur, l'identification des pollinisateurs et la détermination des modes de pollinisation et de fécondation.

1. Morphologie de la fleur du câprier

Le câprier est caractérisé par une floraison estivale, il fleurit à partir du mois du mars jusqu'au mois d'octobre (figure 60). Sa grande fleur, solitaire et multicolore est zygomorphe. Elle comprend quatre sépales verts qui entourent quatre pétales blancs tachetés. Le diamètre de la corolle varie de 5 à 7 cm. La fleur du câprier est hermaphrodite, les étamines sont nombreuses et violacées et les anthères sont pourpres. Le gynécée est porté par un pédoncule, appelé gynophore, à l'extérieur de la fleur. Cela aboutit à un état d'hétérostylie où le gynécée est à un niveau plus élevé que les étamines (figure 61). Cependant, plusieurs fleurs ont un pistil de taille réduite et un ovaire avorté. Ces fleurs assurent uniquement le rôle d'une fleur mâle en donnant les grains du pollen.

Le nombre d'étamines varie de 50 à 120 à travers les individus et les populations. Chez *C. spinosa* subsp. *spinosa*, la moyenne est de 75 ± 14, néanmoins, elle est de 92 ± 14 chez *C. spinosa* subsp. *rupestris*. Au sein de cette sous-espèce, les deux populations de Ghomrassen (GHO) et Kébili (KEB), représentant le Sud de la Tunisie et existant dans la région la plus aride, ont présenté un nombre d'étamines plus élevé, il est de 106 ± 8.

2. Anthèse de la fleur

Chez le câprier (*C. spinosa*), la période de la floraison débute le mois de mars. Cette date varie suivant les conditions climatiques de chaque station et de chaque année. Les boutons floraux poussent sur les rejets de l'année, généralement après le dixième nœud. Chaque jour, les boutons matures s'ouvrent légèrement le matin et les fleurs s'épanouissent toutes en même temps l'après-midi (figure 62). L'anthèse est de courte durée, il dure environ une nuit (16 heures) ; elle débute vers 18h et la fleur se fane le lendemain vers 10 heures. Ce phénomène est observé en même temps chez tous les individus d'une même population. Ainsi, dans les deux sites étudiés (CRO et HAO), nous avons enregistré la même durée de l'anthèse. Ces résultats sont les mêmes pour les deux sous-espèces, *C. spinosa* subsp. *spinosa* et *C. spinosa* subsp. *rupestris* étudiées dans les deux sites de Rommana (CRO) et Haouaria (HAO) ou observées dans les autres sites prospectés.

3. Croissance des boutons floraux

Les boutons floraux naissent à l'aisselle des feuilles d'une façon progressive à l'échelle du temps. La croissance du bouton floral dure en moyenne deux semaines, pendant lesquelles sa taille augmente progressivement (figure 63). La longueur moyenne a montré une évolution exponentielle et le coefficient de corrélation (R) est de 0,97 (figure 64).

4. Croissance des fruits

Après l'anthèse, qui dure une nuit, les étamines flétrissent et l'ovaire porté par un long gonophore reste turgide pendant deux à trois jours favorisant le contact avec les insectes. Après la fécondation, la croissance en longueur du fruit est de type logarithmique et son coefficient (R) est de 0,97 (figure 65). Le développement du fruit dure deux semaines aboutissant à la maturation des graines, la déhiscence du fruit et la dispersion des graines. Cette dernière est effectuée essentiellement par les fourmis.

En absence de fécondation le pistil reste turgide trois jours avant de se flétrir. Toutefois, des cas de développement de l'ovaire chez des boutons floraux fermés ont été aussi observés dans le site de Dahmani (*C. spinosa* subsp. *rupestris*), montrant la possibilité de la fécondation avant l'épanouissement.

Figure 60 : Plant du câprier en pleine floraison (Site Lafareg- mois de juin)

Figure 61 : Morphologie de la fleur du câprier

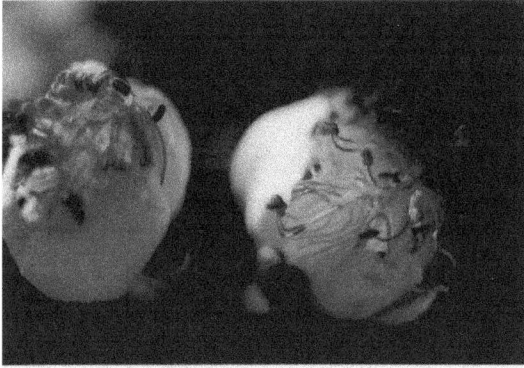

Figure 62 : Epanouissement de la fleur du câprier (vers 18h) et synchronisation entre les fleurs d'un même lieu

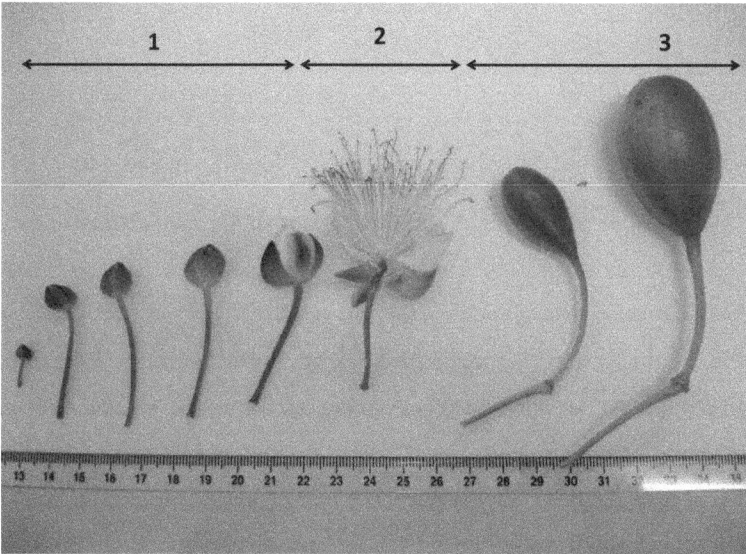

Figure 63 : Du bouton floral au fruit : 1 : boutons floraux, 2 : fleur et 3 : fruits

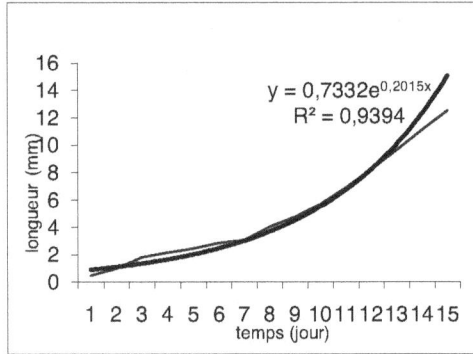

Figure 64 : Longueur du bouton floral du câprier en fonction du temps

On the figure:
$$y = 0,7332e^{0,2015x}$$
$$R^2 = 0,9394$$

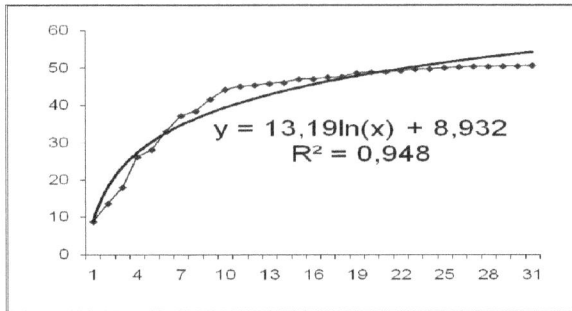

Figure 65 : Longueur du fruit du câprier en fonction du temps

On the figure:
$$y = 13,19\ln(x) + 8,932$$
$$R^2 = 0,948$$

5. Anatomie de la glande nectarifère

La fleur du câprier comprend un seul nectaire à la base d'une fleur zygomorphe. Ce nectaire est grande taille, sa forme est variable, elle est triangulaire pour *C. spinosa* subsp. *spinosa* et pyramidale pour *C. spinosa* subsp. *rupestris* (figure 56 ; chapitre 4).

6. Morphologie du pollen

Chez les deux sous-espèces de *C. spinosa*, le grain de pollen a une forme d'un fuseau. Il est tricolpés, il est pourvu de trois sillons. Le pollen de cette espèce est de petite taille, l'axe polaire est de 19 – 21 µm et le diamètre équatorial est de 9 – 11 µm. L'exine est relativement lisse et sans ornementation. Il a un sillon allongé entre les deux pôles et peu perforé. Ainsi, la morphologie pollinique est homogène chez les deux sous-espèces (*C. spinosa* subsp. *spinosa* et *C. spinosa* subsp. *rupestris*) montrant des grains de pollen lisse et de même taille (figures 66 -69).

7. Pollinisateurs du câprier : suivi et identification

La pollinisation est le transfert de matériel génétique entre les individus, soit le déplacement du pollen des anthères aux stigmates de la même fleur ou vers d'autres fleurs. Elle inclut l'émission du tube pollinique et la germination du pollen. La fonction de pollinisation peut avoir lieu grâce au vent, à l'eau, à la gravité ou à des animaux comme les insectes, les oiseaux et les chauves souris.

Chez le câprier, nous avons observé des fortes densités d'insectes variés sur une même fleur. En effet, nous avons enregistré un maximum de 11 visites par minute par fleur et un pic d'activité entre 9h et 10h du matin. Le câprier est dit ainsi une espèce polyphile. Pour ces visiteurs, les intérêts du câprier résident dans sa floraison estivale, le nombre élevé des fleurs par sujet et les grandes quantités de pollen et de nectar produits par fleur.

Les visiteurs de la fleur du câprier sont des insectes appartenant, généralement, à la classe des Hyménoptères dont des guêpes (*Polistes nimpha*), des bourdons terrestres (*Bombus terrestris*) et des abeilles domestiques (*Apis mellifera*). La période d'activité de *Polistes nimpha* est l'après-midi, dès l'épanouissement de la fleur, et le matin du jour suivant. *Bombus terrestris* et *Apis mellifera* ont uniquement une activité matinale. Les guêpes sont les visiteurs les plus fréquents qui s'orientent directement vers le disque nectarifère existant à la base des pétales (figure 70). Par contre, les bourdons terrestres et les abeilles domestiques se dirigent directement vers les anthères à la recherche du pollen de telle façon qu'ils touchent souvent les étamines et le pistil, organes reproductifs de la plante (figures 71 - 74). Par conséquent, ils sont considérés comme étant des pollinisateurs efficaces de la fleur du câprier puisqu'ils sont en contact direct avec les anthères et le stigmate, leurs fréquences sont élevées et leurs visites sont régulières. Ces caractéristiques sont celles définissant les pollinisateurs efficaces par Zandonella (1984). Par contre, les guêpes sont des visiteurs fréquents qui touchent rarement les organes de reproduction et de ce fait ils participent moins à la pollinisation.

D'autres insectes, qui apparaissent dans le lieu, sont attirés par le nombre élevé des proies présentes. Ce sont des insectes prédateurs dont les plus observés sont la pélopée tourneur (*Sceliphron spirifex*) et la mante religieuse (*Mantis religiosa*).

La vitesse du butinage est élevée pour les bourdons terrestres et les abeilles domestiques, qui sont des butineuses de pollen, elle vaut respectivement 11.6 ± 4.2 et 8.75 ± 2.66 fleurs par minute. Cette vitesse diminue considérablement avec les guêpes qui sont des butineuses de nectar. En effet, la durée moyenne d'une visite varie de $3,4 \pm 1,8$ à $4,7 \pm 2,6$ s respectivement pour les bourdons terrestres et les abeilles domestiques, elle est de 9,8 s pour les guêpes.

Donc, le câprier est une espèce entomophile, pollinisée essentiellement par des insectes. Ses pollinisateurs efficaces sont des bourdons terrestres (*Bombus terrestris*) et des abeilles domestiques (*Apis mellifera*). Ils touchent fréquemment les organes de reproduction (l'androcée et le gynécée) (tableaux 16 et 17).

Ces résultats sont confirmés par des observations fréquentes de visiteurs de l'espèce sur les individus de la parcelle d'expérimentation d'Echbika, et sur des individus des deux sous-espèces plantés et suivis dans la pépinière de la station régionale de l'INRGREF à Gabès.

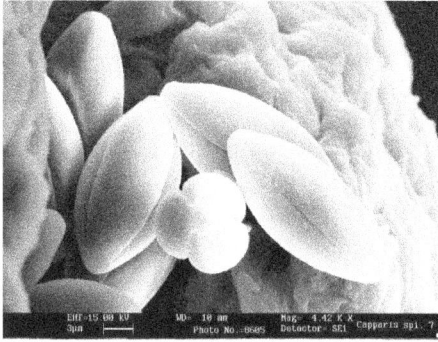

Figure 66 : Structure du grain de pollen de *C. spinosa* subsp. s*pinosa* (site de Nebbeur).

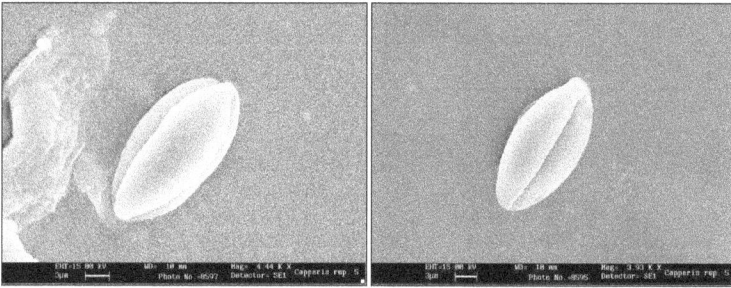

Figures 67 et 68 : Structure du grain de pollen de *C. spinosa* subsp. *rupestris* (site de Haouaria).

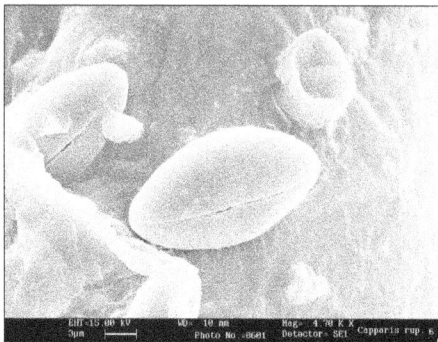

Figure 69 : Structure du grain de pollen de *C. spinosa* subsp. *rupestris* (site de Ghomrassen).

Tableau 16: Insectes visiteurs de la fleur du câprier, leur vitesse du butinage et le nombre moyen de touches d'organes de la fleur (site - CRO).

Insectes	Vitesse du butinage	Heure des visites	Organes touchés			
			sépales	pétales	androcée	gynécée
abeilles domestiques	8.3±3.46		0.2	1.2	16.2	4.0
bourdons terrestres	12.3±4.64	5h00-9h35	0	0.6	13.4	7.8
guêpes	5.5±2.06		31.8	21.4	3.2	1.6
fourmis			8.2	11.6	4.8	2.2
mouches			6.6	4.8	0.8	0.4
coccinelles			4.2	1.8	0.6	0
papillons			0	0	0	0.2

Tableau 17: Insectes visiteurs de la fleur du câprier, leur vitesse du butinage et le nombre moyen de touches d'organes de la fleur (site - HAO)

Les insectes	Vitesse du butinage	Heure des visites	Organes touchés			
			sépales	pétales	androcée	gynécée
abeilles domestiques	9.2±1.87		0	0.2	7.8	1.6
bourdons terrestres	10.9±3.87	5h15-10h10	0	0.2	18.8	9.2
guêpes	4.8±2.25		19.2	17.2	7.2	0
fourmis			6.6	11.4	8.8	3.6
mouches			8.2	4.4	9.2	1.6
coccinelles			4.4	2.8	0.8	0.4
papillons	Absents		0	0	0	0

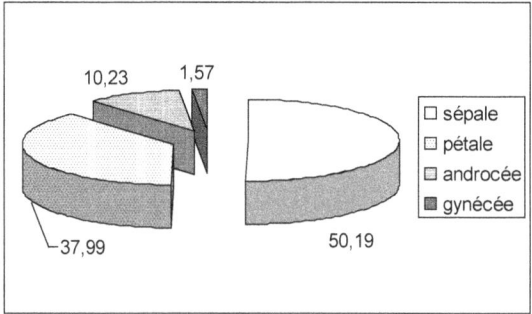

Figure 70 : Pourcentage de touches de chaque organe de la fleur par des guêpes (*Polistes nimpha*).

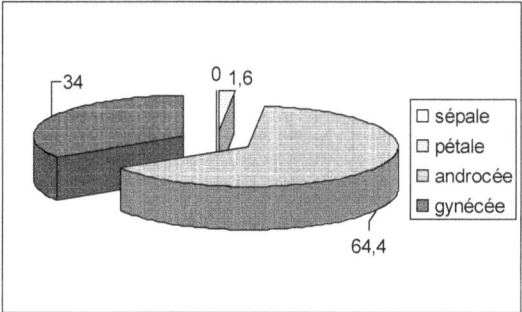

Figure 71 : Pourcentage de touches de chaque organe de la fleur par des bourdons terrestres (*Bombus terrestris*).

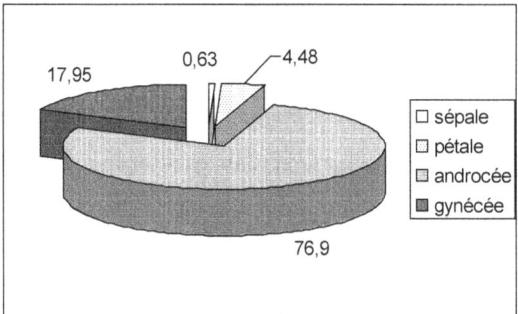

Figure 72 : Pourcentage de touches de chaque organe de la fleur par des abeilles domestiques (*Apis mellifera*).

8. Possibilité d'autofécondation

Pour assurer la possibilité de l'autofécondation, les fleurs d'un même individu ont été isolées ; autrement, nous avons laissé des fleurs chez un même individu et éliminé toutes les fleurs des autres plants. Chez les trois populations examinées (KEF, HAO et GHO), l'autofécondation est possible. Mais, ce phénomène se fait différemment entre les sous-espèces. Chez la population du Nebbeur (KEF), qui représente *C. spinosa* subsp. *spinosa*, l'isolement a abouti à une réduction du nombre des fruits par individu. En effet, sur dix fleurs hermaphrodites suivies nous avons obtenu zéro à trois fruits. Ces fruits ont montré une diminution au niveau de la taille et du nombre des graines respectivement de 68 à 80% (figure 75). Ce qui prouve l'effet limitant de l'autofécondation sur le développement du fruit et des graines. Par contre, Chez les populations de Haouaria (HAO) et Ghomrassen (GHO), la diminution de la longueur du fruit et le nombre des graines est faible et ne dépasse pas 16%. Quoique, chez la population de Ghomrassen (GHO), le nombre des graines avortés a augmenté de 11% par fécondation spontanée à 16% par autofécondation provoquée (tableau 18, figures 76 et 77).

Ces résultats prouvent la possibilité de l'autogamie et de l'allogamie chez *C. spinosa,* mais une différence sous-spécifique est enregistrée. En effet, *C. spinosa* subsp. *spinosa* exige la fécondation croisée pour obtenir des fruits développés et des graines nombreuses. Cette sous-espèce a montré un système de reproduction sexué à tendance allogame. Par contre, chez le câprier inerme (*C. spinosa* subsp. *rupestris*), la fécondation croisée n'est pas nécessaire ; les fruits et les graines obtenus par autofécondation et fécondation croisée sont semblables.

Figure 73 : Abeille domestique (*Apis mellifera*), visiteur fréquent de la fleur du câprier

Figure 74 : Bourdon terrestre (*Bombus terrestris*), visiteur fréquent de la fleur du câprier

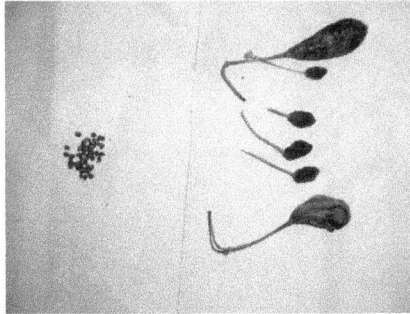

Figure 75 : Différence entre les fruits obtenus par fécondation croisée et ceux obtenus par autofécondation provoquée chez la population de Nebbeur (*C. spinosa* subsp. *spinosa*).

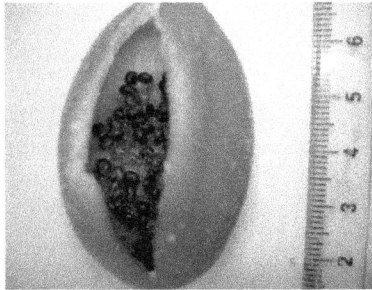

Figure 76: Fruit de câprier velu obtenu par autofécondation provoquée chez la population de Ghomrassen (GHO)

Figure 77 : Graines viables (à gauche) et celles avortées (à droite) obtenues par autofécondation provoquée chez la population de Ghomrassen (GHO).

Tableau 18: Longueur du fruit et nombre des graines pour des individus en population ou isolés chez les deux sous-espèces étudiées.

Les sites	Les sous-espèces	Individus en population			Individus isolés		
		LF (mm)	NGF	NGA	LF (mm)	NGF	NGA
Haouaria (HAO)	C. spinosa subsp.	62,3 ± 23,8	273,4 ± 36,6	-	55,6 ± 18,8	246,5 ± 52,4	-
Ghomrassen (GHO)	rupestris	55,6 ± 18,4	287,7 ± 30,1	32,4 ± 8,8	51,6 ± 23,3	253,6 ± 22.8	39.8 ± 24,6
Nebbeur (KEF)	C. spinosa subsp. spinosa	66,2 ± 4,2	285,8 ± 55,1	-	21,8 ± 6,6	58 ± 5,6	-

LF : Longueur moyenne du fruit

NGF : Nombre des graines par fruit

NGA : Nombre des graines avortées par fruit

9. Discussion

La fleur du câprier est de grande taille ; la grande surface de la corolle et le développement des organes de reproduction représentent un signal optique pour les pollinisateurs (Eisikowitch *et al.*, 1986) et facilitent l'accès aux insectes visiteurs (Peter *et al.*, 2001). De même, Herrera (1992) a défini une corrélation positive chez les végétaux entre la surface de la corolle et la production du nectar. En outre, la fleur du câprier est multicolore, essentiellement ses pétales et son androcée vivement colorés, et elle est caractérisée par son odeur et sa richesse en pollen et en nectar. D'ailleurs, Eisikowitch *et al.*, (1986) ont signalé une masse de 23,81 mg de pollen par fleur pour *C. spinosa* var. *aegyptia*. La quantité du nectar est aussi élevée, son pic journalier est de 42,05 µl entre neuf heure et dix heure du matin. Il est lié à un pic journalier d'activité des visiteurs (Daphni *et al.,* 1986 ; Eisikowitch *et al.,* 1987 ; Petanidou *et al.,* 1996 et Zhang et Tan, 2009). Ces éléments représentent des critères d'attraction pour les insectes favorisent la pollinisation et confirme la relation entre la morphologie de la fleur et la nature du vecteur du pollen (Walter *et al.*, 2001).

Plusieurs facteurs agissent sur ces paramètres (le nombre d'étamines et les caractéristiques du nectar). Eisikowitch *et al.* (1986) et Daphni *et al.* (1987) ont montré des différences entre *C. spinosa* et *C. ovata* (syn. *C. spinosa* subsp. *rupestris*) au niveau du nombre d'étamines, la quantité du pollen par fleur, le volume du nectar et sa concentration, essentiellement, en sucres. Ainsi, Petanidou *et al.* (1996) ont montré que ces paramètres varient entre les stations et les années. En effet, nous avons remarqué que le nombre des étamines est plus élevé chez *C. spinosa* subsp. *rupestris* en comparaison avec *C. spinosa* subsp. *spinosa*. En plus, au sein de la première sous-espèce, le nombre d'étamines est plus élevé chez les populations des régions arides montrant des conditions de chaleur et de sécheresse. Un nombre d'étamines plus élevé aboutit à une production massive en pollen et le succès de la pollinisation dans des contraintes majeures dont la courte durée de l'anthèse (une nuit), la température élevée et la faible densité de la végétation et d'insectes pollinisateurs. Ce caractère est une adaptation aux conditions difficile de pollinisation et facilite aussi la possibilité de l'autofécondation.

La morphologie de la fleur et les observations des visiteurs montrent une plante à pollinisation entomophile. Cela convient avec les résultats signalés par des auteurs qui ont étudié la reproduction de cette plante. D'ailleurs, En Israël, en Grèce et en Chine, Eisikowitch *et al.* (1986), Daphni *et al.* (1987), Petanidou *et al.* (1996) et Zhang et Tan (2009) ont montré que le câprier est entomophile et que sa pollinisation est prédominante par les abeilles domestiques, ces dernières sont considérées comme des pollinisateurs efficaces de l'espèce (Eisikowitch *et al.,* 1986) . D'une part, parce qu'ils s'orientent vers les étamines et le pistil et les touchent fréquemment, et d'autre part, ils ont montré des vitesses du butinage plus élevées, aboutissant à une réussite de la pollinisation. Celle-là est remarquée essentiellement pour les bourdons terrestres, qui sont des butineuses de pollen. D'ailleurs, Pouvreau (1984) a indiqué que les butineuses de pollen travaillent rapidement par rapport aux butineuses de nectar et ils maîtrisent même «la récolte par vibrations» connue chez les abeilles dont les bourdons et les abeilles domestiques (Peter *et al.,* 2001).

Les pollinisateurs de la plante peuvent varier en fonction du taxon et des conditions climatiques. Eisikowitch *et al.,* (1986) ont montré des différences entre les deux espèces voisines *C. spinosa* et *C. ovata* (syn. *C. spinosa* subsp. *rupestris*) et même entre les variétés de chacune. En effet, en Palestine, Eisikowitch *et al.,* (1986) ont étudié plusieurs taxons du câprier et ont montré que *Proxylocopa rufa* (Hyménoptères) est le pollinisateur le plus fréquent chez *C. spinosa* var. *arvensis* dans une première station et *Apis melliflora* (Hyménoptères) est le pollinisateur le plus fréquent chez *C. spinosa* var . *aegyptia* dans une seconde station. Pour la variété *aegyptia*, les pollinisateurs varient aussi selon les stations. Par conséquent, le facteur écologique est déterminant et les pollinisateurs varient avec les insectes présents dans le lieu et les conditions climatiques caractéristiques de la station ou de l'année, dont la température et l'humidité (Herrera, 1992 et Petanidou *et al*., 1996).

Dans des conditions d'autofécondation provoquée, nous avons observé des fruits de taille réduite et un faible nombre des graines pour la population de Nebbeur (KEF) qui représente le câprier épineux (*C. spinosa* subsp. *spinosa*). Cela prouve d'une part, que la fécondation croisée est préférée par cette sous-espèce et d'autre part, il confirme un lien étroit entre la formation des graines et le développement du fruit déjà évoqué par Peter *et al*. (2001) qui ont étudié la fécondation du poirier et du pommier. Chez *C. spinosa* subsp. *rupestris*, l'autopollinisation parait fréquente et aucune différence n'a été enregistrée entre l'autopollinisation spontanée provoquée et la pollinisation spontanée. En effet, Skouri (2000) a utilisé les isoenzymes comme marqueurs génétiques pour étudier le système de reproduction de *C. spinosa* et il a révélé une autofécondation présente uniquement chez le câprier inerme (*C. spinosa* subsp. *rupestris*).

Les deux sous-espèces ont montré des grains de pollen semblables chez lesquels les axes polaire et équatorial ont des valeurs respectives de 19 – 21 / 9 – 11 µm. Ces données peuvent témoigner que les populations étudiées appartiennent à la même espèce. Les valeurs obtenues pour les dimensions du pollen sont proches de celles mentionnées en Pakistan par Perveen et Qaiser (2001) qui ont montré que le pollen de *C. spinosa* a des valeurs moyennes de 19,4 et 15,6 µm respectivement pour les axes polaire et équatorial. En Sicile, Fici (2004) a montré une différence sous-spécifique. En effet, la surface de l'exine est lisse chez *C. spinosa* subsp. *spinosa* et elle est légèrement rugueuse chez *C. spinosa* subsp. *rupestris*. Les axes polaire et équatorial sont respectivement de 22,45/1,12 µm pour la première sous-espèce et de 23,6400/13,35 µm pour la seconde.

En outre, le pollen de *C. spinosa* a montré des paramètres primitifs au niveau de la forme et des dimensions. En effet, le genre *Capparis* occupe une position basale et ancestrale dans l'évolution de la famille de Cappareceae et conserve ses caractères tropicaux originaires (Fici, 2004). Ses paramètres plésiomorphiques sont observés au niveau de l'appareil végétatif et confirmés même par l'ultramorphologie de pollen.

Dans les deux sites d'observation (HAO et CRO) et après les observations faites sur des pieds plantés dans la collection vivante d'El Grine, dans la pépinière de l'INRGREF ou à travers toutes les prospections, nous avons remarqué que le rôle des abeilles domestiques est limité à la récolte du pollen. Cependant, Eisikowitch *et al.,* (1986) et Daphni *et al.,* (1987) en Palestine, Zhang et Tan (2009) en Chine et nos observations réalisées au Maroc (la région de Fès), ont montré que les abeilles domestiques récoltent à la fois le pollen et le nectar. Déjà, ils sont connus comme des butineuses de pollen et de nectar (Pouvreau, 1984). Cela peut s'expliquer par une compétition avec d'autres insectes, essentiellement les guêpes (*Polistes nimpha*), le visiteur le plus fréquent de la fleur du câprier.

CHAPITRE 6

VARIATION SOUS-SPECIFIQUE DES ACIDES GRAS DE CAPPARIS SPINOSA

1. Les acides gras de *Capparis spinosa*

Les acides gras de 27 individus, appartenant à neuf populations spontanées de *C. spinosa* de la Tunisie ont été identifiés et quantifiés par GC-MS. Les résultats ont montré la séparation des neuf acides gras différents. Ce sont l'acide palmitique, l'acide stéarique, l'acide palmitolèique, l'acide linoléique, l'acide béhénique, l'acide arachidique, l'acide myristique, l'acide laurique et l'acide oléique. Les acides gras majeurs sont l'acide oléique (46.32%), l'acide linoléique (21,79%) et l'acide palmitique (16,58%). La proportion des acides gras insaturés a varié entre 66,19 et 79,57%, respectivement pour un individu de Chouigui (CHO) et un autre de Chenini Tataouine (CHT). Pour les populations, les valeurs moyennes de la proportion des acides gras insaturés sont 66.5 à 75,55% respectivement pour les populations de Chenini Tataouine (CHT) et Lafareg (LAF) (tableau 19).

Ces résultats montrent une variabilité individuelle et inter-populationnelle de la composition en acides gras, cette diversité dépend de l'acide gras. En effet, la différence entre les populations est significative uniquement pour l'acide stéarique et l'acide myristique (tableau 20). Par contre, chez les sous-espèces, la différence est significative pour quatre acides gras, il s'agit de l'acide stéarique, l'acide palmitolèique, l'acide béhénique et l'acide oléique.

La corrélation entre les acides gras est faible; des corrélations de signe négatif ont été observées entre l'acide palmitique et l'acide arachidique (-0,46), l'acide palmitique et l'acide linoléique (-0,473) et l'acide stéarique et l'acide linoléique (0,503). Toutefois, une corrélation de signe positif (0,435) a été obtenue entre l'acide linoléique et l'acide palmitolèique (tableau 21).

Tableau 19: Composition moyenne en acides gras pour chaque population

Populations	Acide myristique C14:0	Acide palmitique C16:0	Acide palmitoléique C16:1	Acide stéarique C18:0	Acide oléique $C18:1\Delta^9$	Acide linoléique $18:2\Delta^{9/12}$	Acide arachidique C20:0	Acide béhénique C22:0	Acide laurique C24:0
MAT	1,02 a	18,74 a	2,91d	4,51 b,c,d	48,23 a,b	19,77 a,b	0,71 a	0,19 b	0,42 a
CHO	0,19 b	16,24 a	3,60 b,c,d	3,43 d	47,29 a,b,c	22,01 a,b	0,53 a	0,33 b	0,00 a
CHE	0,18 b	15,38 a	3,78 a,b,c,d	4,16 c,d	45,40 a,b,c	24,38 a,b	0,92 a	0,83 a,b	0,55 a
LAF	0,17 b	14,62 a	3,19 c,d	4,66 b,c,	49,74 a	22,62 a,b	0,70 a	0,49 a,b	0,16 a
Moyenne (subsp. *spinosa*)	0,39 ± 0,45	16,24 ± 2,81	3,37 ± 0,73*	4,19 ± 0,7*	47,66 ± 2,56*	22,19 ± 3,27	0,17 ± 0,25	0,46 ± 0,42*	0,28 ± 0,57
GEM	0,21 b	17,86 a	4,75 a	4,51 b,c,d	45,66 a,b,c	22,66 a,b	0,89 a	0,79 a,b	0,12 a
DAH	0,28 b	16,81 a	4,54 a,b	4,83 b,c,d	44,41 b,c	24,69 a	0,67 a	1,27 a	0,23 a
HAO	0,72 a,b	16,81 a	3,31 c,d	6,02 a,b	46,48	19,27 a,b	1,09 a	0,96 a,b	0,00 a

	HOU	CHT	Moyenne (subsp. *rupestris*)
	0,56 a,b	0,43 b	0,44 ± 0,34
	16,70 a	14,74 a	6,58 ± 2,75
	3,77 a,b,c,d	4,08 a,b,c	4,09 ± 0,64*
	5,38 a,b,c	6,78 a	5,5 ± 1,15*
	45,99 a,b,c	42,72 c	45,05 ± 2,72*
	22,01 a,b	18,70 b	21,46 ± 3,17
	1,12 a	0,71 a	0,99 ± 0,44
	0,98 a,b	1,02 a,b	1 ± 0,42*
	0,49 a	0,46 a	0,26 ± 0,32

Les moyennes sont significativement différent à 5% (test de Student – Newman – Keuls).

* Les moyennes significativement différentes à 5% pour les sous-espèces (test de Student – Newman – Keuls)

Tableau 20: Résultats de l'analyse de la variance appliquée aux acides gras chez les populations et les sous-espèces étudiées.

variables	source	Degrés de liberté	Somme des carrés	Carré moyen	Valeur de F	Pr > F
Acide palmitique	sous-espèces	1	0.62969185	0.62969185	0.08	0.7776
	populations	7	38.90129333	5.55732762	0.73	0.6526
Acide stéarique	sous-espèces	1	11.44648963	11.44648963	18.09	**0.0005***
	populations	7	12.74660667	1.82094381	2.88	**0.0334***
Acide palmitoléique	sous-espèces	1	3.43842241	3.43842241	10.02	**0.005***
	populations	7	5.41051833	0.77293119	2.25	0.0782
Acide palmitique	sous-espèces	1	3.5689074	3.5689074	0.42	0.5251
	populations	7	106.3805000	15.1972143	1.79	0.1514
Acide linoléique	sous-espèces	1	3.5689074	3.5689074	0.42	0.5251
	populations	7	106.3805000	15.1972143	1.79	0.1514
Acide béhénique	sous-espèces	1	1.94400000	1.94400000	9.94	**0.0055***
	populations	7	1.03546667	0.14792381	0.76	0.6295

Acide arachidique	sous-espèces	1	0.50661407	0.50661407	3.29	0.0862
	populations	7	0.74692667	0.10670381	0.69	0.6766
Acide myristique	sous-espèces	1	0.01711407	0.01711407	0.17	0.6807
	populations	7	2.12736000	0.30390857	3.11	**0.0248**
Acide laurique	sous-espèces	1	0.00280167	0.00280167	0.01	0.9119
	populations	7	1.09793167	0.15684738	0.71	0.6678
Acide oléique	sous-espèces	1	38.83857852	38.83857852	6.68	**0.0187***
	populations	7	45.52567333	6.50366762	1.12	0.3938

Tableau 21 : Matrice de corrélation entre les acides gras

Variables	Acide palmitique	Acide stéarique	Acide palmitoléique	Acide linoléique	Acide béhénique	Acide arachidique	Acide myristique	Acide laurique	Acide oléique
Acide palmitique	1								
Acide stéarique	-0,052	1							
Acide palmitoléique	-0,222	-0,061	1						
Acide linoléique	-0,473	-0,503	0,435	1					
Acide béhénique	-0,180	0,256	0,351	0,165	1				
Acide arachidique	-0,460	0,254	0,172	0,218	0,414	1			
Acide myristique	0,281	0,122	-0,349	-0,197	-0,092	0,318	1		
Acide laurique	-0,057	-0,142	0,131	0,057	0,021	0,237	0,213	1	
Acide oléique	-0,318	-0,264	0,140	0,087	-0,365	-0,235	-0,109	-0,231	1

2. Analyse multivariante : analyse en composantes principales (ACP)

2.1. Pour les individus

Les trois premiers axes explicitent 63,18% de la variabilité totale. Le premier axe a représenté 26,16% de la variabilité totale, il est défini positivement par l'acide linoléique (0,76) et l'acide palmitolèique (0,69). Ainsi, il est défini négativement par l'acide palmitique (-0,71). Le second axe a représenté 21,97% de la variabilité totale, il est défini positivement par trois variables, ce sont l'acide stéarique (0,67), l'acide arachidique (0,56) et l'acide béhénique (0,54). Ainsi, il est défini négativement par l'acide oléique (-0,675). Enfin, le troisième axe a représenté 15,05% de la variation totale, il est défini positivement par deux variables, qui sont l'acide myristique (0,66) et l'acide laurique (0,55).

Le plan défini par les deux premiers axes a montré une large distribution des individus, sans qu'il y ait une ségrégation selon les populations ou les sous-espèces, à l'exception des individus de la population de Chenini Tataouine (CHT) qui se distinguent de tous les autres individus. Cette population est caractérisée par une richesse en acide stéarique (6,7%), en acide arachidique (0,71%) et en acide béhénique (1,02%) et un faible pourcentage d'acide oléique (42,72%) et d'acide linoléique (18,70%). Cette population est la seule appartenant au sud tunisien dans cette étude (figure 78, tableau 21).

Le plan défini par le premier et troisième axe a montré une vaste distribution des individus. On n'a pas observé une séparation entre les populations ou les sous-espèces, seuls les individus de la population de Mateur (MAT) ont formé un groupe distinct, caractérisé par une richesse en acide myristique (1,02%), et un faible taux de l'acide palmitolèique (2,91%) et l'acide béhénique (0.19%) (figure 79).

193

2.2. Pour les populations

Les trois premiers axes explicitent 81.53% de la variation totale. Le premier axe a représenté 33.23% de la variation totale, il est défini positivement par l'acide stéarique (0,76), l'acide béhénique (0,88), l'acide arachidique (0,81) et l'acide palmitolèique (0,58). Il est défini négativement par l'acide oléique (-0,86). Le second axe a représenté 30,50% de la variabilité totale, il est défini positivement par l'acide myristique (0,91) et négativement par l'acide linoléique (-0,88) et l'acide palmitolèique (0,64). Le troisième axe a représenté 14,17 de la variation totale, il est défini positivement par l'acide palmitique (0,91) et l'acide oléique (0,40).

Les plans définis par les axes 1-2 et 1-3 de l'ACP ont montré l'existence de deux groupes distincts (figures 80 et 81). Le premier groupe est situé du coté négatif de l'axe 1. Il est formé par trois populations épineuses appartenant à la sous-espèce *C. spinosa* subsp. *spinosa*. Et le deuxième groupe est réparti du coté positif de l'axe 1 et renferme toutes les populations inermes (*C. spinosa* subsp. *rupestris*) et une population épineuse (CHE). Au sein de ce groupe, la population CHT s'éloigne des autres populations et forme un sous-groupe particulier.

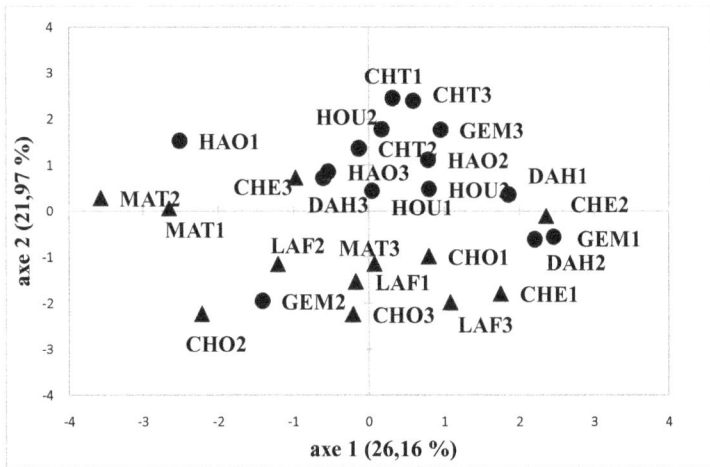

Figure 78 : Dispersion des individus de *C. spinosa* dans le plan formé par les axes 1- 2 de l'ACP (▲ : *C. spinosa* subsp. *spinosa* et ● : *C. spinosa* subsp. *rupestris*).

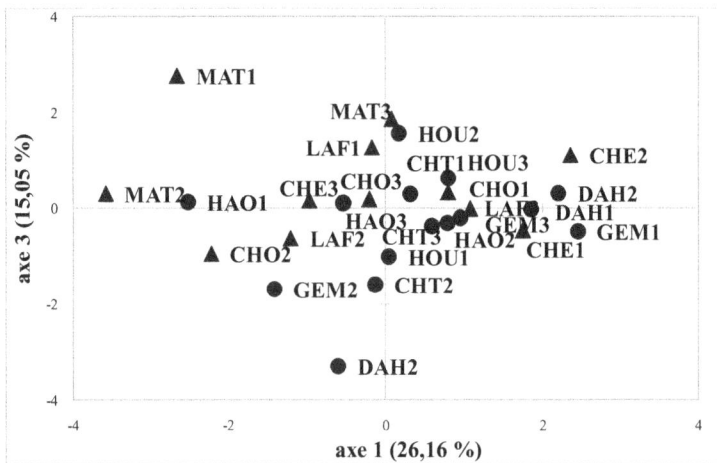

Figure 79 : Dispersion des individus de *C. spinosa* dans le plan formé par les axes 1 - 3 de l'ACP ((▲ : *C. spinosa* subsp. *spinosa* et ● : *C. spinosa* subsp. *rupestris*).

axe 2 (30,50 %)

▲ MAT

● HAO

● CHT

● HOU

▲ LAF
▲ CHO

● GEM

CHE

● DAH

axe 1 (36,86 %)

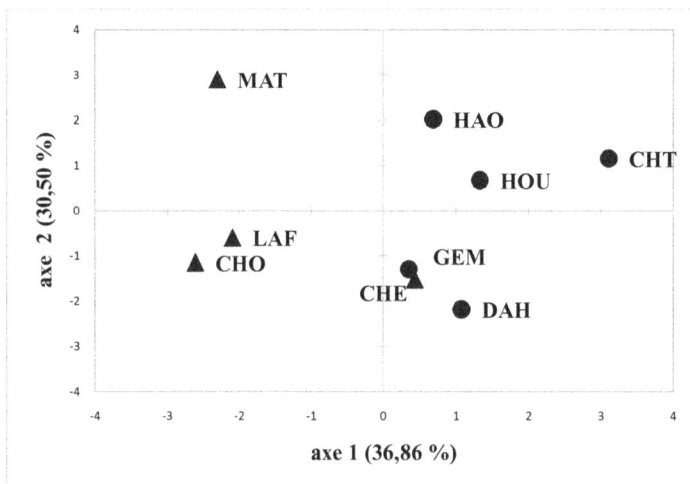

Figure 80 : Dispersion des populations de *C. spinosa* dans le plan formé par les axes 1 - 2 de l'ACP

(▲ : *C. spinosa* subsp. *spinosa* et ● : *C. spinosa* subsp. *rupestris*).

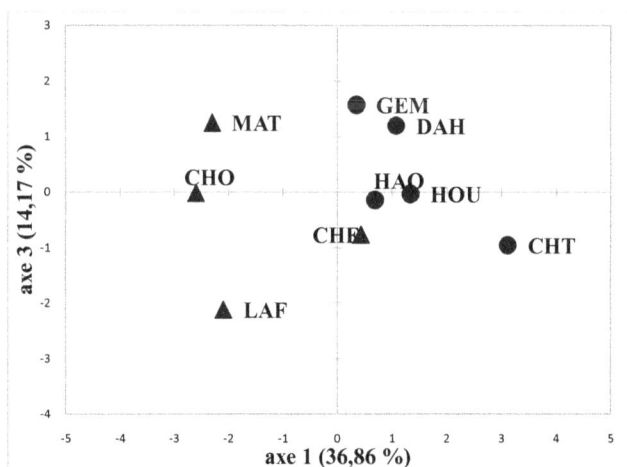

axe 3 (14,17 %)

▲ MAT

● GEM
● DAH

CHO
▲

● HAO
● HOU

CHE ▲

● CHT

▲ LAF

axe 1 (36,86 %)

Figure 81 : Dispersion des populations de *C. spinosa* dans le plan formé par les axes 1 - 3 de l'ACP

(▲ : *C. spinosa* subsp. *spinosa* et ● : *C. spinosa* subsp. *rupestris*).

196

3. Discussion

Les acides gras majeurs des graines de *C. spinosa* sont l'acide oléique (46.32%), l'acide linoléique (21,79%) et l'acide palmitique (16,58%), ce résultat rejoint ceux obtenus par Akgül et Ozcan, (1999), Matthäus et Ozcan, (2005), Tlili *et al.*, (2009) et Tlili (2010). Ainsi, la composition en acides gras des graines de *C. spinosa* obtenue en Tunisie et en Turquie est similaire, toutefois, elle est différente de celle obtenue en Yzbekistan par Yuldasheva *et al.*, (2008). Ces derniers ont montré que l'acide linoléique (59,3%) et l'acide oléique (28,9%) sont les principaux acides gras de l'espèce. Cette différence est probablement due à des facteurs environnementaux et génétiques. En effet, les facteurs environnementaux jouent un rôle important dans la biosynthèse de l'huile et la teneur en acides gras (Thompson *et al.*, 1994). Ces facteurs peuvent être moins déterminants chez quelques espèces, telle que *Pinus pinea* étudiée dans la région méditerranéenner (Nasri *et al.*, 2005). Au contraire, Thompson *et al.*, (1994) suggèrent que la teneur en huiles et la composition en acides gras sont fortement liées à des variations génétiques.

Pour les deux sous-espèces étudiées (subsp. *spinosa* et subsp. *rupestris*), d'autres paramètres chimiques sont similaires entre eux, dont les teneurs en protéines et en huiles, elles sont respectivement 26,38 et 30,79% pour subsp. *spinosa* et 26,08 et 30,38% pour subsp. *rupestris* (Tlili *et al.*, 2011). Ainsi, la teneur en huile de graines de C. *spinosa* est semblable aussi chez des espèces apparentées, *C. ovata* et *C. aphylla* (Akgül et Ozcan, 1999; Matthäus et Ozcan, 2005). Cependant, des différences interspécifiques existent au niveau de la composition des acides gras, cela est observé chez *C. spinosa* et *C. ovata*, montrant des variations qui concernent essentiellement l'acide palmitique et l'acide linoléique, avec des valeurs respectives de 18,33 et 22,44% pour *C. spinosa*, et 11.28 et 34.16% pour *C.*

ovata (Küsmenoğlu, *et al.*, 1997). En Inde, l'huile de graines de *C. aphylla* est caractérisé par la présence de l'acide myristique (0,6%), l'acide palmitique (21,1%), l'acide stéarique (7,7%), arachidique (2,0%), l'acide oléique (57,2%), linoléique (11,4%) (Sen Gupta et Chakrabart, 1964). En effet, la composition en acides gras est un outil fiable pour déterminer la position systématique et les relations phylogénétiques des plantes (Pujadas-Salva, 2000; Özcan, 2009). D'ailleurs, Ovando-Medina, (2000) a étudié la diversité génétique des populations méso-américaines de *Jatropha curcas* L. en utuilisant les acides gras comme marqueurs biochimiques et il a montré que ces marqueurs chimiques sont valables pour estimer la diversité génétique de cette espèce. En outre, Thompson *et al.*, (1994) ont utilisé les acides gras pour étudier six sous-espèces de *Vernonia galamensis* et ont montré des différences sous-spécifiques. Ainsi, l'importance et le potentiel chimiotaxonomiques d'acides gras ont été confirmés chez les Apiaceae ; des variations infragénérique et intraspécifique ont été observées dans la répartition des acides gras (Bagci , 2007).

La variabilité enregistrée au niveau des acides gras entre les populations étudiées peut être menée pour soutenir une amélioration génétique et développer des programmes de sélection basée sur les acides gras des graines de *C. spinosa* et leurs intérêts.

CONCLUSION GENERALE

Le câprier (*Capparis spinosa* L.) est une espèce polymorphe, largement repartie en Tunisie sous forme de peuplements spontanés. Cette espèce, montrant d'énormes intérêts socio-économiques et écologiques, reste encore très peu étudiée. Le présent travail traite le polymorphisme génétique de ce taxon par des analyses morphologiques faites dans des conditions d'habitat uniforme de 18 populations plantées dans la même parcelle ou dans leurs sites originaires. Ainsi, des traits anatomiques, phénologiques, chimiques et physiologiques ont été analysés. Tous ces paramètres ont montré une grande diversité intra et inter-populations chez le câprier. Ainsi, ces analyses rejoignent plusieurs révisions botaniques récentes et permettent de retenir une seule espèce polymorphe en Tunisie, *Capparis spinosa* L. et de distinguer deux sous-espèces, *C. spinosa* subsp. *spinosa* et *C. spinosa* subsp. *rupestris* (Sibth.& Sm.) Nyman. La première est une sous-espèce épineuse, caractérisée par des pousses érigées. Elle est morphologiquement homogène et parait plus évoluée que la seconde. *C. spinosa* subsp. *spinosa* existe au Nord du pays où les conditions climatiques sont propices, dans des climats humide, subhumide et semi-aride. Alors que la deuxième (*C. spinosa* subsp. *rupestris*) est inerme, caractérisée par des pousses rampantes et des épines fines ou légèrement développées, elle montre un grand polymorphisme morphologique. Cette sous-espèce est primitive et garde des caractères tropicaux ancestraux de la plante. Elle existe au Nord, au Centre et au Sud du pays, elle occupe les différents bioclimats du pays depuis l'humide jusqu'au saharien. Au sein de la sous-espèce inerme, *C. spinosa* subsp. *rupestris*, les populations du Sud forment un écotype caractérisé par la présence et l'abondance des poils, le développement des épines par rapport aux populations inermes du Nord et du Centre et la persistance du feuillage.

Les populations et les sous-espèces étudiées ont montré des comportements différents en bouturage et en germination. En bouturage, les populations inermes ont montré un taux d'enracinement plus élevé. En effet, le pourcentage d'enracinement chez *C. spinosa* subsp. *rupestris* est de 11,4%, alors que chez *C. spinosa* subsp. *spinosa*, il est de 0,7%. Pour la germination, le taux de germination est faible pour toutes les populations et il varie peu entre les deux sous-espèces. A ce stade, les deux sous-espèces ont montré un niveau de tolérance différent aux stress hydrique et salin. Les populations de *C. spinosa* subsp. *rupestris* sont plus tolérantes à la sécheresse et la salinité que celles de *C. spinosa* subsp. *spinosa*. Ainsi, l'écotype de la région méridionale est le plus tolérant à ces contraintes.

Du point de vue édaphique, *C. spinosa* pousse sur des sols légèrement alcalins, caractérisés généralement par une richesse en matière organique, calcaire total, calcium, magnésium et chlore. Ces sols sont généralement calcimagnésiques à texture sablo-limoneuse. Toutefois, les deux sous-espèces ont montré des conditions édaphiques différentes. *C. spinosa* subsp. *rupestris* pousse exclusivement entre les fissures des blocs rocheux sur des sols non évolués caractérisés par une richesse en Na^+, Cl^-, Ca^{++}, Mg^{++}, K^+ et SO_4^{--}. Cependant, *C. spinosa* subsp. *spinosa* pousse sur des sols non évolués ou évolués, riches en limon ou en argile et montrent une faible conductivité électrique. En effet, la variation des paramètres édapho-climatiques entre les sites des deux sous-espèces révèlent des éxigences écologiques différents. Ces variations paraissent en relation étroite avec les facteurs génotypiques.

Pour le régime de reproduction, *C. spinosa* est une espèce entogame à pollinisation croisée fréquente. Ainsi, la pollinisation croisée explique le niveau élevé des variations génétiques intra et inter-populations. Toutefois, les deux sous-espèces retenues ont montré des différences au niveau du régime de reproduction. En effet, *C. spinosa* subsp. *rupestris* a montré un nombre d'étamines plus élevé et une autopollinisation et une autofécondation fréquentes. Au contraire, *C. spinosa* subsp. *spinosa* est à allopollinisation et allofécondation préférentielles. Pour cette dernière sous-espèce, des fruits de petite taille, qui contient un nombre des graines réduit, ont été obtenus dans les conditions d'autopollinisation provoquée. D'autres éléments de pollinisation sont semblables entre les deux sous-espèces, dont la morphologie du pollen et les insectes pollinisateurs, qui sont essentiellement des abeilles (abeilles domestiques et bourdons terrestres).

En outre, les analyses d'huile de graines et sa composition chimique ont montré des variations inter-populations et sous-spécifique qui concernent essentiellement quatre acide gras, dont l'acide oléique, l'acide béhénique, l'acide palmitolèique et l'acide stéarique. En effet, *C. spinosa* subsp. *rupestris* est riche en acide béhénique, acide palmitolèique et acide stéarique. Par contre, *C. spinosa* subsp. *spinosa* est riche en acide oléique. De même, la population de câprier poilu se diffère des autres, elle est pauvre en acide palmitique, en acide linoléique et en acide oléique et riche essentiellement en acide stéarique. Ces paramètres chimiques peuvent être des facteurs intéressants de classification et de sélection.

Les différents paramètres morphologiques, phénologiques, anatomiques et biochimiques analysés sont discriminants pour retenir deux sous-espèces de *C. spinosa* en Tunisie. Ainsi, ces paramètres paraissent utiles pour sélectionner les morphotypes/chemotypes/sous-espèces les plus performants en agriculture ou pour la pharmacologie et de proposer une stratégie de conservation in situ ou ex situ de l'espèce. Cette opération vise la conservation des populations de la région méridionale, montrant des caractères différents et des adaptations aux conditions sévères de l'environnement. Elles pourraient jouer le rôle d'un réservoir génotypique pour les populations avoisinantes.

En faite, les programmes de sélection doivent être basés sur une caractérisation moléculaire des génotypes, suivis par une description par des paramètres agronomiques et achevés par une multiplication végétative de la plante afin de conserver les caractères des génotypes sélectionnés et échapper à la variabilité observée chez les plants obtenus par semis.

Les marqueurs morphologiques, anatomiques et chimiques sont discriminants pour identifier les deux sous-espèces de *C. spinosa* en Tunisie. Pour autant, d'autres marqueurs plus discriminants tels que les marqueurs moléculaires (ISSR, AFLP...), et la recherche de corrélations entre ces marqueurs et des traits agronomiques relatifs au développement des plantes, aux boutons floraux et aux composants chimiques recherchés pourraient mieux valoriser ces deux sous-espèces.

En plus, d'autres études caractéristiques de chaque sous-espèce, écotype ou variété sont nécessaires, dont, d'une part le comportement physiologique vis-à-vis aux contraintes environnementales et d'autre part, la productivité de chaque écotype, ainsi que la qualité des boutons floraux obtenus.

REFERENCES BIBLIOGRAPHIQUES

- A -

Abd El-Ghani M. M. et Amer W. M., 2003. Soil-vegetation in a coastal desert plain of south Sinai, Egypt. Journal of Arid Environments, Volume 55, Issue 4, Pages 607-628.

Akgül A. et Özcan M., 1999. Some compositional characteristics of capers (*Capparis spp.*) seed and oil. *Grasas Aceites.* Vol. 50, Fasc. 1, p. 49-52.

Ali-Shtayeh M.S. et Abu Ghdeib S.I., 1999. Antifungal activity of plants extracts against dermatophytes. Mycoses 42, 665-672.

Aloui A. et Châabane A., 1996. Aspects taxonomiques et syntaxonomiques du câprier. Séminaire sur le développement du câprier dans le Nord-Ouest. de la Tunisie. ODESYPANO-IRESA, 8p.

Al-Said M. S., Abdelsattar E. A., Khalifa S. I., El-Feraly F. S., 1988. Isolation and identification of an anti-inflammatory principle from *Capparis spinosa*. *Pharmazie*, vol. 43, n°9, pp. 640-641.

Andrade G., Esteban E., Valasceo L., Lorite M.J. et Bedmar E.J., 1997. Isolation and identification of N_2-fixing microorganisms from the rhizosphere of *Capparis spinosa* L. *Plant and sol* 197: 19-23.

- B -

Baize D. et Jabiol B., 1995. Guide pour la description des sols. INRA Editions, Paris, 375p.

Barbera G., 1991. Programme de recherche Agrimed: le câprier (*Capparis spp.*). C.C.E. Rapport EUR 13617 FR. 62p.

Barbera G., Di Lorezo R. et Barone E., 1991. Observations on Capparis populations cultivated in Sicily and on their vegetative and productive behavior. Agr. Med., Vol. 121, 32-39.

Ben Abdellah I., 2000. *Tolérance à la salinité et caractéristiques ioniques du câprier (Capparis spinosa L.).* Mémoire de Diplôme d'Etudes Approfondies de physiologie végétale. Faculté des sciences de Tunis. Université de Tunis II.

Ben Boubaker H., 2000. Les gradients climatiques en Tunisie : application à la température et à la pluie. Imprimerie officielle de la Tunisie. 324p.

Ben Jemaa M. L., 1996. *Pieris brassicae* L. (Lep., *Pieridea*) : ravageur occasionnel du câprier. Séminaire sur le développement du câprier dans le Nord- Ouest de la Tunisie ODESYPANO- IRESA. 25-30p.

Benseghir L., Boukhari A. et Seridi R., 2007. Le câprier, une espèce arbustive pour le développement rural durable en Algérie. Méditerranée N° 109, 101-105.

Boga C., Forlania L., Caliennib R., Hindleya T., Hochkoepplerc A., Tozzia S. et Zannaa N. 2011. On the antibacterial activity of roots of *Capparis spinosa* L. Natural Product Research. Vol. 25, No. 4, 417–421

Bouillet M. N., 1857. Dictionnaire universel des sciences, des lettres et ces arts. Hachette. 1750p.

Boujellabia H, 1996. Germination, tolérance au calcium et potentialités de régénération in vitro du câprier (*Capparis spinosa* L.). Mémoire de Diplôme d'Etudes Approfondies de physiologie végétale. Faculté des Sciences de Tunis. Université de Tunis II. 83p.

Boulos L., 1995. Flora of Egypt Checklist. Al Hadara Publishing Cairo. p. 36.

Bourley J., 1957. Etude des sols de perimètre de l'Oued Nebhana. ORSTOM.

Bransia M., 1992. Carte pédologique. Echelle 1 : 5000. Carte pédologique de périmètre de Chemtou. ORSTOM.

- C -

Chaieb M. et Boukhris M., 1998. Flore succinte et illustrée des zones arides et sahariennes de Tunisie. Association pour la protection de la nature et de l'environnement, Sfax. 290p.

Chalak, L. et Elbitar, A. 2006. Micropropagation of *Capparis spinosa* L. subsp. *rupestris* Sibth & Sm. by nodal cuttings. Ind. J. Biotech. 5(4):555-558

Chauvet M. et Olivier L., 1993. *La biodiversité : Enjeu planétaire.* Editions Sang de la terre. Paris. 413p.

Cornejo X. and Iltis H. H., 2008. The reinstatement of Capparidastrum (Capparaceae). *Harvard Papers in Botany,* Vol. 13, No. 2, 2008, pp. 229–236.

- D -

Dafni A., Eisikowitch D. et Ivri Y., 1987. Nectar flow and pollinator's efficiency in two co-occurring species of *Capparis* (Capparaceae) in Israel. *Plant Systematics and Evolution* 157, p. 181-186.

Daly H., 2001. Evaluation financière de boisement privé: Analyse de quelques cas concrets. Annales de l'INRGREF. Numéro spécial, p. 105-124.

David B., 1998. Les fleurs de Méditerranée. Edition: Larousse Bordas. 320p.

- E-

Echchgadda G., Saifi N. et Ben El Maati F., 2006. Caractérisation morphologique et génétique du câprier au nord du Maroc. Revue des Régions Arides. Numéro Spécial, Actes du séminaire international « les plantes à parfum, aromatiques et médicinales. 528 – 534.

Echchgadda G., Bahri H. et Zahiri F., 2006. Caractérisation génétique du câprier au nord du Maroc. Communication présentée au premier congrès national sur l'amélioration de production agricole, Settat 16 – 17 mars 2006 (Maroc).

Eddouks M., Lemhadri A. et Michel J.-B., 2004. Caraway and caper: potential anti-hyperglycaemic plants in diabetic rats. *Journal of Ethnopharmacology*; 94: 143–148.

Eddouks M., Lemhadri A. et Michel J.-B., 2005. Hypolipidemic activity of aqueous extract of *Capparis spinosa* L. in normal and diabetic rats. Journal of Ethnopharmacology, Volume 98, Issue 3, pp 345-350.

Edwards D.G.W., 1987. Méthodes de contrôle des semences forestières au Canada. Service Canadien des Forêts. 34p.

Eisikowitch D., Ivri Y. et Daphni A., 1986. Reward partitioning in *Capparis spp. a*long ecological gradient. Oecologia (Berlin) 71: 47-50.

El Gazzah M., 1992. Contribution à l'étude du système de reproduction sexuée de populations de Sulla (Hedysarum coronariumL.); conséquences sur la structure génétique. Thèse de doctorat en es- sciences naturelles. Université de Tunis II. FST. 284p + annexes

El Gazzah M. et Chalbi N., 1995. Ressources génétiques et amélioration des plantes in «Quel avenir pour l'amélioration des plantes?». Ed. AUPELP-UREF. John Libbey Eurotext. Paris. pp. 123- 129.

El Hamrouni A., 1992. Végétation forestière et pré-forestière de la Tunisie : Typologie et éléments pour la gestion. Thèse de Doctorat d'Etat, Uni. Sc., Fac. des Sc. et Tech. de Saint- Jérôme d'Aix- Marseille III. 235p.

Ezzili M.B., 2000. Ecologie de la pollinisation. 2ème thèse de doctorat. Faculté des sciences de Tunis. Université de Tunis II. 199p.

- F -

Fici S., 1993. Taxonomic and Chorological notes on the genera *Boscia* Lam. *Cadaba* Foressk and *Capparis* L. (Capparaceae) in Somalia. *Webbia* 47 (11): 149-162.

Fici S., Campo G., Chifari N. et Colombo P., 1995. Biosystematic researches on the *Capparis spinosa* L. complex: preliminar anatomical and Karyological data. *Giornale Botanico Italiano*, volume 129, 2, p. 43.

Fici S. et Gianguzzi L., 1997. Diversity and conservation in wild and cultivated *Capparis* in Sicily. Boccona 7, pp. 437-443.

Fici S., 2001. Intraspecific variation and evolutionary trends in *Capparis spinosa* L. (Capparaceae). Plant Syst. and Evol. 228 : 123-141.

Fici S., 2004. Micromorphological observations on leaf and pollen of *Capparis* L. section *Capparis* (Capparaceae). Plant biosystems, Vol. 138, No. 2, pp. 125- 134.

Fici S. et Lo Valvo F., 2004. Seed dispersal of *Capparis spinosa* L. (Capparaceae) by mediterranean lizards. Naturalista Sicil., S. IV, XXVIII (3-4), pp. 1147-1154.

Filiz O. et Monir O., 1996. Studies on the autecology of *Capparis* L. species distributed in west Anatolia. Turk. J. Bot., Vol 20, Iss. 117-127.

Fluri P., Pickhardt A., Cottier V. et Charrière J. D., 2001. La pollinisation des plantes à fleurs par les abeilles – Biologie, Ecologie, Economie. Centre suisse de recherche apicole. 27p.

Fournet A., 1963. Carte pédologique de périmètre de Mateur. Echelle 1 : 50.000. (ORSTOM).

- G -

Gaddas R., 1969. Carte pédologique. Périmètre d'El Affareg (Béja). Echelle 1 : 5000. ORSTOM.

Ghorbel A., Ben Salem-Fnayou A., Khouildi S., Skouri H., Chibani F., 2001. Le câprier : caractérisation et multiplication. In : des modèles biologiques à l'amélioration des plantes. VIIe Journées scientifiques du Réseau AUF Biotechnologies végétales, amélioration des plantes et sécurité alimentaire, Montpellier, 3-5 juillet 2000 ; éd. scientifique, Serge Hamon. - Paris : Éd. IRD, Institut de recherche pour le développement, p. 157-172.

Gori P. et Lorito M., 1988. An ultrastructural investigation of the anther wall and tapetum in *Capparis spinosa* L. var. *inermis*. Caryologia, vol. 41, n. 3-4: 329-340.

- H -

Hall J. C., Sytsma K. J. et Iltis H. H., 2002. Phylogeny of Capparaceae and Brassicaceae based on chloroplast sequence data. *American Journal of Botany* ; 89:1826-1842.

Hamed A. R., Abdel-Shafeek K. H., Abdel-Azim N. S., Ismail S. I. et Hammouda F. M., 2007. Chemical Investigation of Some *Capparis* Species Growing in Egypt and their Antioxidant Activity**.** Evid. Based Complement. Altern. Med., 4: 25 - 28.

Henia L., 1993. Climat et Bilans de l'eau en Tunisie: essai de régionalisation climatique par les bilans hydriques. Publications de l'Université de Tunis I. 391p.

Herrera C. M., 1992. Individual flowering time and maternal fecundity in a summer-flowering Mediterranean shrub: making the right prediction for the wrong reason. Acta Œcologica, 1992, 13 (1), 13-24.

Heywood, V.H., 1993. *Capparis* L. In : Tutin T. G., Burges N.A., Chater A.O., Edmonson J .R., Heywood V.H., Moore D.M., Valentine D.H., Walters S.M., Webb D.A. (Eds). *Flora Europaea*. Cambridge University Press. Cambridge. 1,2nd ed.: 312.

Higton, R.N. et J.R. Akeroyd., 1991. Variation in *Capparis spinosa* L. in Europe. *Bot. J. Linn. Soc.* 106: 104-112.

Hodar J. A., 1995. Diet of the Black Wheatear *Œnanthe leucura* in two steppe shrub's zones of Southeastern Spain. Alauda, vol. 63, n°3, pp. 229-235.

- I -

Inocencio C., Alcaraz F., Calderón F., Obón C. et Rivera D., 2002. The use of floral characters in *Capparis* sect. *Capparis* to determine the botanical and geographical origin of capers. *European Food Research and Technology*. Vol. 214, N°4, pp. 335-339.

Inocencio C., Cowan R. S., Alcaraz F., Calderón F., Rivera D. et Fay M. L., 2005. AFLP fingerprinting in *Capparis* subgenus *Capparis* related to the commercial sources of capers. Genetic Resources and Crop Evolution 52. 137-144.

Inocencio C., Rivera D., Obón C. M., Alcaraz F. et Barreña J-A, 2006. A Systematic revision of *Capparis* section *Capparis* (Capparaceae). Ann. Missouri Bot. Gard. 93 :122-149.

I.N.R.F., 1976. *Carte Bioclimatique de la Tunisie* Selon la Classification d'Emberger. *Etages* et Variantes. L'Institut National de Recherches Forestières. *République Tunisienne.*

I.N.R.G.R.E.F., 2002. *Carte Bioclimatique de la Tunisie* Selon la Classification d'Emberger. L'Institut National de Recherches en Génie Rural, Eaux et Forêts. *République Tunisienne.*

- J -

Jacobs M., 1965. The genus *Capparis* (Capparaceae) from the Indus to the Pacific. Blumea 12: 385-541.

Jiang H-E, Li X., Ferguson D. K., Wang Y-F, Liu Ch-J et Li Ch-S, 2007. The discovery of *Capparis spinosa* L. (Capparidaceae) in the Yanghai tombs (2800 years B. P.), NW China, and its medicinal implications. *Journal of Ethnopharmacology* 113: 409-420.

- K -

Khalifa S. F., Youssef M. M. et El-Gohary I. H., 1982. Morphological trends in Capparidaceae: Studies on taxa of *Boscia, Cadaba, Capparis* and *Maerua* in Egypt. Desert Inst. Bull., A.R.E. 32, No. 1-2, pp; 131-145

Kenny H., 1997. Le câprier : importance économique et conduite technique. Bulletin de Transfert de Technologie en agriculture n° 37 (Octobre 1997). 12p.

Khaldi A. et Ben M'hammed M., 1996. Le câprier en Tunisie : Répartition écologique et état de connaissances et des recherches. Séminaire sur le développement du câprier dans le Nord- Ouest de la Tunisie ODESYPANO- IRESA. 11-24p.

- L -

Lechevallier, D., 1966. Les lipides des Lemnace´es, analyse des acides gras des lipides des frondes de Spirodela polyrhiza. C.R. Acad. Sci. 263, 1848–1852.

Le Houérou H. N., 1995. *Bioclimatologie et biogéographie des steppes arides du Nord de l'Afrique*. CIHEAM/ACCT, Options méditerranéennes, série B, n°10, 396 p.

Lemhadri A., Eddouks M., Sulpice T., Burcelin R., 2007. Anti-hyperglycaemic and Anti-obesity Effects of *Capparis spinosa* and *Chamaemelum nobile* Aqueous Extracts in HFD Mice. American Journal of Pharmacology and Toxicology 2 (3): 106-110.

Levizou E., Drilais P. et Kyparissis A., 2004. Exceptional photosynthetic performance of *Capparis spinosa* under adverse conditions of Mediterranean summer. Photosynthetica. Vol. 42, no. 2, pp. 229-235.

Loyer J.Y. 1967. Etude pédologique de l'URD de Nebeur. ORSTOM.

- M -

Marcos Samaniego N. et Paiva J., 1993. Capparaceae. In: Flora Iberica (Madrid). Vol.III, 518-521p.

Marouani A., 1996. Contribution à l'étude des aspects botaniques, mode de propagation et techniques culturales du câprier (*Capparis spinosa* L.). Séminaire sur le développement du câprier dans le Nord-Ouest de la Tunisie ODESYPANO- IRESA. 46-67p.

Matthäus B. et Özcan M., 2005. Glucosinolates and fatty acid, Sterol, and tocopherol composition of seeds oils from *Capparis spinosa* var. *spinosa* and *Capparis ovata* var. *canescens* (Coss.) Heywood. *J. Agric. Food Chem.* 53, 7136-7141.

Mectrai N., 1967. Etude pédologique du périmètre de la région d'Ebba-Ksour-Tadjerouine. Carte pédologique (Echelle 1 : 50000). ORSTOM.

Michel B. E., Kaufmann M. R., 1973. The osmotic potentiel of polyethylene glycol 6000, *Plant Physiol* ; 51 : 914-916

Musallam I., Duwayri M. et Shibti R.A. 2011. Micropropagation of caper (*Capparis spinosa* L.) from wild plants. Functional Plant Science and Biotechnology 5 (special Issue 1), 17-21

- N -

Naanaa W. et Susini J., 1988. Méthodes d'analyse physique et chimique des sols. Laboratoire de Pédologie. Institut National de Recherches Forestières (Tunisie). 119p.

Nizar Nasri, Abdelhamid Khaldi, Bruno Fady, Saida Triki. 2005. Fatty acids from seeds of Pinus pinea L.: Composition and population profiling. Phytochemistry 66, 1729–1735

- O -

Olmez Z., Ucler A. O. et Yahya Oglu Z., 2004[a]. Effects of stratification and chemical treatments on germination of caper (*Capparis ovata* Desf.) seeds. Agric. Mediterr. Vol. 134, no. 2, pp. 101-106.

Olmez Z., Yahya Oglu Z. et Ucler A. O., 2004[b]. Effects of H_2SO_4, KNO_3 and GA_3 treatments on germination of caper (*Capparis ovata* Desf.) seeds. Pakistan Journal of Biological Sciences 7(6): 879-882.

Oppenheimer H.R., 1961. Echanges hydriques des plantes en milieu aride ou semi-aride. Compte rendu de recherches. Unesco, Paris. 115 – 154.

Orphanos P. I., 1983. Germination of caper (Capparis spinosa L.) seeds. Journal of Horticultural Science 58 (2) 267-270.

Özcan M. et Akgül A., 1992. Influence of species, harvest date and seize on composition of capers (*Capparis spp.*) flowers buds. *Nahung* 42p. 102-105.

Ozcan M. et Aydin C., 2004. Physical-mechanical properties and chemical Analysis of raw and brined Caperberries. Biosystems Engineering 89 (4), 521-524.

Ozenda P., 1958. Flore du Sahara septentrional et central. Centre national de la recherche scientifique. 244-245.

- P -

Paiva J. 1993. Capparaceae. In: Flora Iberica (Madrid). Vol.III, 519p.

Pascual B, San Bautista A., Pascual Seva N., García Molina R., López-Galarza S. et Maroto J. V. (2009). Effects of soaking period and gibberellic acid addition on caper seed germination. Seed Sci. & Technol., 37, 33-41.

Chalak L, Perin A, Elbitar A, Chehade A (2007). Phenotypic diversity and morphological characterization of Capparis spinosa L. in Lebanon. Biologia Tunisie (4 bis) 28-32.

Perveen A. et Qaiser M., 2001. Pollen Flora of Pakistan-XXXI Capparidaceae. *Turk J Bot* 25 : 389-395

Petanidou T., Van Laere A. J. et Smets E., 1996. Change in floral nectar components from fresh to senescent flowers of *Capparis spinosa* (*Capparidaceae*), a nocturally flowering mediterranean shrub. *Pl. Syst. Evol.* 199 : 79-92.

Pottier-Alapetite G., 1979. Flore de la Tunisie : Angiospermes – Dicotylédones Apétales Dialypétales, Première partie. Imprimerie officielle de la république tunisienne, 651p.

Pouvreau P., 1984. Biologie et écologie des bourdons in « pollinisation et productions végétales ». Institut National de la Recherche Agronomique. 595-637.

Psaras G.K. et Sofroniou I., 1999. Wood anatomy of *Capparis spinosa* from an ecological perspective. IAWA Journal, Vol. 20 (4): 419-429.

Pugnaire F.I. et Esteban E., 1991. Nutritional adaptations of caper shrub (*Capparis ovata* Desf.) to environmental stress, *J. of Plant Nutrition*, 14(2), p.151-161.

Pujadas-Salvà A.J., Velasco L. 2000. Comparative studies on Orobanche cernua L. and O. cumana Wallr. (Orobanchaceae) in the Iberian Peninsula. Botanical Journal of the Linnean Society 134: 513-528

- R -

Rejeb M. N., Boukhris M., Louguet P. et Laffray D., 1992. Anatomie et ultrastructure de la feuille et de l'appareil stomatique du caroubier

(*Ceratonia siliqua* L.). Rev. Rés. Amélior. Prod. Agro. Milieu Aride, 4, p. 139-145.

Rivera D., Inocencio C., Obón C., Carreňo E., Realeas A. et Alcaraz F., 2002. Archaeobotany of capers (*Capparis*) (Capparaceae). *Veget Hist Archaeobot*, 11:295-313.

Rivera D., Inocencio C., Obón C. et Alcaraz F. 2003. Review of food and medicinal uses of *Capparis* L. subgenus *Capparis* (*Capparidaceae*). Economic Botany 57(4), pp 515-534.

Rhizopoulou S., 1990. Physiological reponses of *Capparis spinosa* L. to drought. *J. Plant Physiological.* Vol. 136. p. 341-348.

Rhizopoulou S., Heberlein K. et Kassianou A., 1997. Field water of *Capparis spinosa* L. *Journal of Arid Environments* 36: 237-248.

Rhizopoulou S. et Psaras G.K., 2003. Development and structure of drought-tolerant leaves of the Mediterranean shrub *Capparis spinosa* L. Annals of Botany 92: 377-383.

Rhizopoulou S., Ioannidi E., Alexandredes N. et Argiropoulos A., 2006. A study on functional and structural traits of the nocturnal flowers of *Capparis spinosa* L. *Journal of Arid Environments*, Volume 66, Issue 4, pp 635-647

Rodriguez R., Rey M., Cuozzo L. et Ancora G., 1990. *In vitro* propagation of caper (*Capparis spinosa* L.). *In Vitro* Cell. Dev. Biol. 26: 531-536.

Romeo V., Ziino M., Giuffrida D., Condurso C., Versera A., 2006. Flavour profile of capers (*Capparis spinosa* L.) from the eolian archipelago by HS-SPME/GC-MS. *Food Chemistry*, Volume 101, Issue 3 : 1272-1278

Ronse Decraene L.P., Smets E.F., 1997. Evidence for Carpel multiplications in the Capparaceae. Belg. Journ. Bot. 130 (1): 59-67.

R.S.F., 2001. Rapport scientifique final du projet de développement de la culture du câprier dans le Nord Ouest de la Tunisie. Institut National des Recherches en Génie Rural, Eaux et Forêts (Tunisie). 84 p + annexes.

- S -

Saadaoui E., 2001. Etude de la variabilité morphologique du câprier (*Capparis spp.*) en Tunisie et de l'effet du recépage sur sa croissance et sa production. Mémoire de Diplôme d'Etudes Approfondies d'Ecologie Générale. Faculté des Sciences de Tunis. Université de Tunis II. 79p.

Scialabba A., Fici S. et Sortino M., 1995. *Capparis spinosa* L. var. *canescens* Cosson in Sicily: seed ecomorphology and germination. Giornale Botanico Italiano – volume 129, 2.

Sen Gupta A., Chakrabarty M. M., 2006. Composition of the seed fats of the Capparidaceae family. Journal of the Science of Food and Agriculture, Vol., 15 (2), 69–73.

Shirwaikar A. et Sreenivasan K. K., 1996. Chemical investigation and antihepatotoxic activity of root bark of *Capparis spinosa*. Fitoterapia. Volume LXVII. N°3. p. 200-204.

Skouri H., 2000. Etude de polymorphisme enzymatique chez le câprier (*Capparis spinosa* L.). Mémoire de Diplôme d'Etudes Approfondies de physiologie végétale. Faculté des Sciences de Tunis. Université de Tunis II. 96p.

Souissi A. et Guyot L., 1970. Etude Pédologique générale de l'URD du Sers (zone Sud et Nord). ORSTOM.

Sozzi G. O., 2001. Caper Bush: Botany and Horticulture. Horticultural Reviews, Volume 27: 125-188.

Sozzi G. O., Chiesa A., 1995. Improvement of caper (*Capparis spinosa* L.) seed germination by breaking seed coat-induced dormancy. *Scientia Horticulturae* ; 62 : 255-261.

Söyler D. et Arsalan N., 2000. Kebere (*Capparis spinosa* L.) çeliklerinin köklenmesi üzerine bazı büyümeyi düzenleyici maddelerin etkileri. Turk J Agric For, 24(2000), 595-600.

Subramanian D. et Susheela G., 1988. Cytotaxonomical studies of South Indian *Capparidaceae*, Cytologia 53: 679-684.

- T -

Tlili N, Nasri N, Saadaoui E, Khalid A, Triki S (2009). Carotenoid and tocopherol composition of leaves, buds, and flowers of *Capparis spinosa* grown wild in Tunisia. J. Agric. Fd. Chem. 57(12):5381-5385.

Tlili N, Munne-Bosch S, Nasri N, Saadaoui E, Khaldi A, Triki S (2009). Fatty acids, tocopherols and carotenoids from seeds of Tunisian caper Capparis spinosa. J. Food Lipids, 16: 452-464.

Tlili N, Khaldi A, Triki S, Munne-Bosch S (2010). Phenolic compounds and vitamin antioxidants of Caper (*Capparis spinosa*). Plant Fds. Hum. Nutr. PMID: 20668946.

Tlili Nizar (2010). Caractérisation biochimique et varaibilité du câprier tunisien *Capparis spinosa*. Thèse en sciences biologiques. Faculté des Sciences Tunis. Université de Tunis El-Manar. 147p.

Tlili N., Elfalleh W., Saadaoui E., Khaldi A., Triki S. and Nasri N., 2011. The caper (*Capparis* L.): Ethnopharmacology, phytochemical and pharmacological properties. Fitoterapia. Vol. 82, Issue 2, 93-101p.

Tlili N., Elfalleh W., Saadaoui E., Khaldi A., Triki S. and Nasri N., 2011. The caper (*Capparis* L.): Ethnopharmacology, phytochemical and pharmacological properties. Fitoterapia. Vol. 82, Issue 2, 93-101p.

Tlili Nizar, Saadaoui Ezzeddine, Sakouhi1Faouzi, Elfalleh Walid, El Gazzah Mohamed, Triki Saîda, Khaldi Abdelhamid, 2011. Morphology and chemical composition of Tunisian caper seeds: variability and population profiling. African Journal of Biotechnology Vol. 10(10) : 2112-2118

Trabelsi S., 1997. Etude des caractéristiques physiologiques et écophysiologiques du câprier (*Capparis spinosa* L.). Mémoire de Diplôme d'Etudes Approfondies de physiologie végétale. Faculté des Sciences de Tunis. Université de Tunis II.

Tutin, T. G., Burges, N.A., Chater, A. O., Edmondson, J. R., Heywood, V. H., Moore, D. M., Valentine, D. H., Walters, S. M. & Webb, D. A., assisted by AKEROYD, J. R. & NEWTON, M. E., 1993. - Flora Europaea, edit. 2, Cambridge Univ. Press., **1** : XLVI, 581 pp.

- V -

Van Went J. et Gori P., 1989. The ultrastructure of *Capparis spinosa* pollen. J. Submicrosc. Cytol. Pathol. 21 (1), 149-156.

- Y -

Yue-lan C, Xin L, Min Z. *Capparis spinosa* protects against oxidative stress in systemic sclerosis dermal fibroblasts. Arch Dermatol Res 2010;302:349–55.

Yuldasheva N. K., Ul'chenko N. T. et Glushenkova A. I., 2008. Lipids of *Capparis spinosa* Seeds. Chemistry of Natural Compounds, Volume 44, Number 5, 637-638,

- Z -

Zahradnik J., 1988. Guide des insectes. Hatier. 318p.

Zandonella P. (1984). Les vecteurs de pollen in "pollinisation et productions végétales". Institut National de la Recherche Agronomique. 415-432.

Zhang T. et Tan D.-Y., 2009. An examination of the function of male flowers in an andromonoecious shrub *Capparis spinosa*. J. *of Integr. Plant Biol.* 2009, **51** (3): 316–324

Zohary M., 1960. The species of *Capparis* in the Mediterranean and Near Eastern Countries. *Bull. Res. Counc. of Israël*, Vol. 8D, p. 49-64.

www.ingramcontent.com/pod-product-compliance
Lightning Source LLC
Chambersburg PA
CBHW021038210326
41598CB00016B/1064